準確拿下客戶生意、
順利向上報告與提升個人價值的關鍵祕技

讓提案過

How to Make a Successful Business Presentation

集團高階主管首席簡報幕僚 鄭君平 —— 著

如果沒有正在翻閱的你，
這本書的價值就不會被人看見，
所以真心的感謝。

如果書中有任何一段話，
讓你因此找到改變自己的方向，
請務必與我分享。

有感
推薦

提案內容的能力，
已成為個人在職場的
競爭力

　　當君平邀我為這本新書寫序，我還在為他的第一本書《一擊必中！給職場人的簡報策略書》驚豔不已時，他竟然以「商業提案」再度出擊，想必這兩年來他積累的豐富歷練，激發了內心的思維，嘔心瀝血成就了這本職場必備的書籍。

　　與君平認識二十多年了，二〇〇一年他剛進入設計浩瀚的大海，在學院悠遊，靈魂卻潛藏著一股旺盛飢渴的求知慾。當年我還在忙於「生活工場」百家店的開幕中，君平與多數羞澀學生有不同的樣貌，親和力的笑容，言語幽默感性，他以積極的態度表達與我個人「現場提案」的懇求，哈哈……回想起那一幕，果然這小子

很有才。多年後，他以獨特敏銳的思維，將商業的邏輯推理出這本精彩的作品，彷彿我們也來到現場，以專業、相信自己、不懼怕的態度，向許多商業鉅子、老闆們、高層主管提案，如同二十年前，十八歲的他在面對著我。

我個人職場生涯約四十年了，經歷從手寫簡報到科技工具的演進過程，版面設計的優化是最大的變化，不變的是設計提案者在「內容能力」與「編輯能力」的素養。如今，君平以一位感性設計師的背景加上理性思維寫出這本工具書，他總是以創意多變、鉅細靡遺描述製作簡報的獨特見解，在競爭激烈的商業世界裡，身處職場的我們，更需要一本如此專業的工具書來指引我們工作的方向。

在我人生中始終與「簡報提案」有不解之緣，早期學生時代的海報、壁報設計讓我成為永遠的學藝股長，也因為簡報設計能力，讓我寫了不少漂亮情書擄獲我太太的芳心。幾年後，在職場上，精美的設計得到上司的欣賞，歷經創辦「生活工場」、「品東西家居」、加拿大「MiiX Interiors」。二〇二〇年秋天回台，君平以他的簡報專業，協助我寫出「MiiX美氏家居商業計劃書」，讓我再度以精彩的提案獲取投資者的青睞，MiiX預計在二〇二一年秋天開幕，相信因為這份簡報，能夠讓 MiiX 影響更多人的生活家居美學。

二〇二〇年的這一場疫情，我身處在溫哥華，經歷了實體商業的關閉，「現場」面對面不再是唯一的溝通模式，網路視訊會議對職場生態的改變已成為溝通的慣性，因此如何設計出一個很有說服

力的簡報提案，成為職場的必要工具，這本書更符合未來場景的需要。

　　總之，提案內容的能力，已成為個人在職場的競爭力，君平這本書的出現是值得推薦與令人期待的，期待大家擁有它，讓你我的思維透過提案影響更多的人！

鄧學中

生活工場創辦人

有感
推薦

細讀此書，
一定能讓你的提案能力
比別人多走好幾步

Oscar 說「商業提案的現場，是一場競賽」，妙的是，書裡有超過一半的內容，談的都不是「現場」；巧的是，競賽會贏，也都是在「現場」之前、之外的「多走一步」。

為什麼條列重點的郵件沒人回？
為什麼呈現創意的簡報沒人聽？
為什麼費盡心思的提案沒有過？

經驗工作者應該都理解走錯路比走慢還傷，而雖然都知道要事

前做功課了，該如何開始，有個人、有本書能領著我們走一段，還是挺不錯的。

　　此書有好的內容框架，好消化的文字，配上在工作日常會見到的真實案例，變成好吸收的知識。細讀此書，反思應用，一定能讓你的提案能力比別人多走好幾步。

林大班

寶渥創始合夥人

有感
推薦　｜

商業提案
別只顧著炫技，
記得要先修心

　　雖然提案跟寫企劃是我工作的日常，但是一拿到君平的新書，還是不得不佩服他一針見血的下標功力，光書名這簡單的幾個字就點破了企劃人每天燃燒靈感，卻不見得每次能夠成功擦出生意火花的無助，至少書名就已經有一種苦海明燈的救贖盼望。

　　這幾年我比較深度經營消費者數據跟CRM創新的相關領域，我發現只要談到CRM或是顧客關係管理，大部分的行銷人都能朗朗上口地訴說著該怎麼樣以「會員」為中心來思考品牌，或是企業的經營定位與數位轉型策略；那如果我們要管理的是客戶的商業需求呢？我們在面對品牌的商業挑戰跟需求的時候，該把什麼擺在中

心？其實我覺得這個才是從商業洞察到商業提案能夠切中品牌需求的核心思考點。

京瓷的創辦人稻盛和夫不斷地提到「利他」這個概念，簡單來說，就是把客戶的需求與利益放在我們自己的利益之前來「優先」考量，君平在他這本書裡面不斷地拋出這樣的同理態度與讀者互動，這是一種與客戶所遭遇的商業問題「同心」而且「共感」的思考練習。畢竟，一場要能夠打動人心的商業提案，其實靠的並不只是華麗的文案與漂亮的視覺設計，而是要讓客戶真切地感受到你「看見」了問題、「看懂」了問題，並且透過簡報提案，證明你有能力跟承擔陪著客戶一起「解決」問題。

所以建議各位在讀這本書的時候，不要光從「技法」的角度去理解這本書，不妨試著從作者整理的案例與步驟中體會一下背後的思考「心法」，然後你就會發現這本書真的是一本不可多得的商業提案實戰秘笈！

夏雨農
電通集團 isobar 數據暨顧客關係行銷總經理

前言　｜　# 未來，
你更需要懂得「提案」
這件事

The world is changing.
現在，正在改變。

　　無論從市場趨勢、商業模式、工作環境、消費習慣、世代思維到人生方向，面對「每一天都在改變」的洪流襲來，這一切都來得很快，關鍵在於我們是否有察覺並且行動。

　　過去，我們可能無法想像疫情之下的衝擊與影響，我們不確定到底能否開創自己的事業與建立起自己的品牌，我們不知道有多少新的軟體技術，能夠幫助自己開創不一樣的商業模式，我們不清楚

數位內容傳播、數據價值或社群經營原來很重要，甚至現在自己到底該學哪些軟技能、提升哪些核心價值與選擇哪種類型的職業，以及如何應付未來可能會消失的機會或新增的職能領域等。

麥肯錫（McKinsey）在未來技能（Skills of today vs. Skills of tomorrow）的資料顯示，「科技、社交與情感」相關方面的技能變得更加被需要，這些重要且持續成長的能力包括溝通協調能力、批判思考力、人際交往、創造力等，你會發現軟技能在未來更加重要，需要持續提升自己「溝通、傳達到呈現」的能耐，因為這也是其他人幾乎難以取代且無法被奪走的能力，也是持續累積就能看到成果的事實。

現在，無論如何，該保持不變的心態就是「持續地改變自己」。

在過往的工作職涯中，我待過十人以下的品牌團隊、三百人的生產製造產線、多個企業規模超過數千人的集團總部等，其中親身參與超過千場以上的商業提案現場，實際感受各產業領域的國際品牌、知名公司、專業團隊或個人，如何運用「商業提案」拿下數十萬到數千萬預算的交手過程，並獲得客戶持續的生意支持，更透過專案合作的過程中，接觸到許多企業家、高階經理人、優秀工作者與各領域的專家，實際感受他們在溝通、傳達與呈現的過人之處。

我發現他們總是能夠透過商業提案的過程中，將繁雜的問題釐清、逐步解決對方的痛點、呈現重點並拿下生意，而從這些人身

上，我都發現具有以下的特質：

- 他們可以找到快速有效率的方式，與對方溝通以達成目的。
- 他們能很輕鬆地向別人傳達資訊，別人也能很清楚地瞭解。
- 他們能製作具有重點的內容呈現，讓別人快速聚焦且易懂。

這中間的過程中，無論是透過文字、手寫、圖片、聲音或影像等方式，目的都是讓對方快速了解重點，**唯有別人能了解，你的溝通才有意義**。

換言之，對方能夠讓你明白他所說的，也才達到傳達的目的，進而有機會拿下生意。

未來，我認為人生最應該練習的其中一件事就是：「如何將自己的思維，清楚地溝通、傳達與呈現出來」，這也是提案能力中最重要的核心價值。

▨ 商業提案是「商業」與「提案」並存

商業提案的現場，是一場競賽。

這場競賽的核心目標就在於達成設定目標（Achieve the Goal）、建立連結關係（Relationship Building）與縮短認知距離（Close the Gap）。

　　對於商業提案而言，多數人可能認為提案現場就是著重在簡報內容的呈現與口語表達的流暢。但從生意的角度來看，商業提案只是其中一種手段，重點核心則在於「內容背後的思維」。

　　所以一個商業提案的背後，都不如我們表面所看到的這麼「簡單」。

　　能夠成功拿下生意的商業提案，都不只是談簡報內容本身的視覺技巧，更具備了「商業」思維的展現，包含問題意識、溝通傳達、說服技巧、成本計算、策略目標、人性觀察、關係建立、資料分析、重點呈現、數據解讀等。

　　商業提案所扮演的角色，因應不同的市場趨勢、環境標的、產業類型、商務情境、目標方向、部門設定、職級角色到過往經驗，所能使用的範圍極為廣泛，因此商業提案的變化，都隨著各種需求與變數調整。但不變的是將「商業提案」視為拿下生意或溝通說服對方的其中一個重要環節。

　　「商業提案」並非生意起始的第一步棋，因為你擺好棋盤之後，對方不一定願意坐下來與你一起下棋，因此謹記商業提案並不是起頭，提案還沒開始之前，生意其實就已經開始了，沒有事先確認雙方的認知與關係，就貿然地直接進行提案，很容易產生的就是其實只有你一個人在棋局裡而已。

　　我非常喜歡海蒂・羅伊森（Heidi Roizen），她是T/Maker的共同創辦人、前蘋果全球開發人員關係副總裁與史丹佛大學講師，

我非常認同她曾經說過的一個理念：

「如果我和你做生意，我的目標不只是讓自己更好，而是讓你也更好，那麼我們就都會獲得更好的結果，你會願意再次和我做生意。」

"If I can walk into a transaction with you, and my goal is not to just make myself better off but to make you better off as well, we're going to end up with a much better outcome. You'll want to do business with me again — and that's really, really important."

我在閱讀每一份成功的商業提案的經驗中，發現內容都會以雙贏思維（win-win situation）為主軸核心，唯獨這樣，所製作呈現的提案內容才會讓對方有感，因為**商業提案目標不只是「你告訴他」，而是「你跟他一起」，以及「你如何幫助他」。**

面對你的老闆或主管也是相同的道理，你的報告或提案是為了協助老闆達成目標與提供支援，進而滿足主管的績效需求與達成信任，這代表你跟他是站在一起的，而不是你只是交出資料而已。

今天你能用商業提案拿下客戶、投資人、老闆或主管，背後意義代表的是什麼？

「對方信任你、對方願意付錢買你的價值與思維，以及你可能拿到了業績與績效的門票，這不僅僅是你具備商業提案的能力，背

後更是代表著關係經營程度與中間溝通的價值展現。」

　　提案過了，就有生意。
　　提案過了，就有戰場。
　　提案過了，就有機會。

■ 這本書能幫助你的地方

　　如果你的工作類型具有業務或營銷性質，就需要與客戶拉近關係的業務開發介紹或商業合作企劃；如果你是行銷相關職務，你也必須要懂得如何與團隊溝通、瞭解客戶的需求，並提供對方想要的答案，讓對方願意買單。

　　如果你是創業者，面對投資人、面對團隊、面對客戶、面對股東，每一次的會面，背後都帶有清楚的目標設定和商業思維。

　　如果你是即將畢業的學生，準備要邁向人生另一個階段，你會有工作面試的經驗，也就是向公司面試官推薦自己的經驗。

　　或許你因為個人工作性質的關係，可能不常有對外提案的機會，但你一定都有要跟主管或老闆的向上報告（報告工作進度、過關某個專案），幾乎每個工作者都會有這樣的經驗存在。

　　以上，其實都有「提案的核心形式」隱含於內，雖然提案只是其中一種溝通形式，但卻是能夠在短時間內，把你的思考呈現出有

感「畫面」的工具，對方也會透過這樣的「畫面」，去感受你想表達的內容。

「你邏輯很清楚耶！」

「為什麼我覺得你剛剛講的都有打中我！」

「我覺得這次的提案內容很清楚明白，就直接去做。」

當你越能展現出這樣的能力，你的客戶、你公司的老闆、主管或同事、你的夥伴或員工，都會清楚地知道你的價值所在。

我身在每一場「商業提案」的過程之中，都會嘗試跳脫甲方與乙方兩邊的立場，並把自己放在第三方的角度來觀察雙方思維，包含對於商業市場的趨勢掌握、提案心理的來回攻防、重點說服的架構脈絡、與人溝通的心法或如何閱讀與如何判斷對方的思維等，商業提案內容所呈現的每一個細節，其實都是「人性」的體現。經由這樣的過程，讓我領悟到很多寶貴的經驗，而這些經驗的背後都是真實心法的積累與實際發生的情境。

所以這本書的內容，集結了主要三個面向的洞察經驗與知識萃取：

一、讓你擁有能拿下數十萬至數千萬預算的商業提案心法

在身為多個品牌方的角色中，我親身參與超過千場的商業提案現場與專案合作，其中不乏包括多家全球最有價值的百大企業、國內高價值百強企業或各領域的龍頭產業公司等，並實際認識各領域一線公司的優秀工作者，包括從廣告、展覽、家居、科技、財務、軟體、音樂、體育到設計領域皆有。

我持續地觀察對方如何運用「細緻」的提案策略、溝通或呈現技巧，去拿下數十萬到數千萬預算的生意，從開頭破題、流程鋪陳到最後的策略思維，裡面有太多的經驗值得分享，所呈現的內容都隱含著眾多優秀提案者的智慧、經驗與心法，無論是用於線上使用或線下提案現場，都能讓你能夠瞬間提升全局思維。

二、讓你洞悉高階管理者的心理感受和思維脈絡

擔任眾多業務、行銷或營業端高階主管的簡報幕僚經驗中，無論是工作進度報告、內部提案要資源、整理工作進度、協助老闆或主管製作對外提案，讓主管向他的主管進行簡報彙報等，多年來與這些跨領域、職級與不同個性的老闆與主管交手，讓我知道如何同時滿足他們的思維需求與間接地展現出你的個人價值，中間透過許多失敗與成功的實證經驗，讓你擁有多種合適的溝通路徑。

三、讓你獲得簡單且立即可用的內容呈現法則

　　過去我利用商業簡報提案，獲得國際科技品牌、知名文具廠商願意提供產品贊助機會、與KOL（Key Opinion Leader，關鍵意見領袖）合作行銷產品、成功獲得與眾多知名藝人、專業音樂工作者與運動員互惠合作的商業提案、協助拿下數百萬公部門標案的提案說明簡報，以及初始用八頁簡報向出版社提案，以素人之姿獲得與商周合作出版《一擊必中！給職場人的簡報策略書》的契機等，每一次的商業提案，我都在嘗試不同的內容思維與呈現方式，透由這些經驗，讓你從中獲得如何簡單、快速且有效率的呈現手法。

　　本書為第貳輯，主要從「簡報策略」發展至「商業提案」，每一個章節的內容背後都帶著多個「問題思維」，再從問題中抓出「核心」方向，透過實戰的「解答」，讓你可以從內容中獲得解答，或許不一定是最正確的答案，但會是有幫助的答案。

　　相信透過這本書的內容，必定能讓你展現出不同於其他人的價值。

　　培養自己的提案能力，就從今天開始！

目次

有感推薦　　提案內容的能力，已成為個人在職場的競爭力　鄧學中　　8

有感推薦　　細讀此書，一定能讓你的提案能力比別人多走好幾步　林大班　　11

有感推薦　　商業提案別只顧著炫技，記得要先修心　夏雨農　　13

前言　　　未來，你更需要懂得「提案」這件事　　15

第 1 章 箭術：達成設定目標 Achieve the Goal
—— 如何「聚焦」精準提案目標 與「收斂」正確的解答方向

1.1 如何設定讓對方有感的提案：從問題開始　30

■ 問題意識就是主動挖掘問題的過程　37

■ 如何盤整出對方的問題核心　43

1.2 問題是緣由，現況是起點，目標是終點　49

■ 用一句話說清楚提案標題　55

1.3 提案就是一場供給與需求的生意　61

　■ 何謂商業提案的差異化　64

　■ 真實案例的做法，就是客戶的浮木　67

1.4 目標落地執行的三個關鍵：時間、數字、動作　71

　■ 持續在戰場上的人，才能不斷地累積經驗　75

_第 **2** _章 蓋樓：建立信任關係 Relationship Building

── 如何「增進」與他人的溝通
　　與「強化」自己的說服力

2.1 商業提案，就是找到溝通關係的交集點　82

　■ 溝通說服「三比」：百分比、比喻、比較　87

2.2 提案溝通，最怕一直講「我」　99

　■ 成功的溝通本質就是換位思考　103

　■ 如何提升換位思考的敏感度　107

2.3 向上提案，你需要多走一步　110

■ 「先回答疑問，再提高期望」的溝通模式　113

■ 老闆與主管，是要持續觀察、理解與表現的　115

2.4 對內報告的會議旅程　119

■ 會議不會減少，但你可以有效地控制它　121

第 **3** 章 # 橋樑：縮短認知距離 Close the Gap

——如何「簡化」重點的過程 與「使用」準確的視覺呈現

3.1 重點呈現的第一步：先確認誰是重點　130

■ 商業提案的開頭就是「前面就要講重點」　134

■ 商業提案的結尾就是「後面就要給動機」　136

3.2 如何轉化繁複文字成為重點　140

■ 如何將重點結構視覺化呈現　148

3.3 數字是所有提案都避不掉的元素　156

　■ 數字是有方向性的指引　159

　■ 圖表選擇很多，呈現出你要講的重點就好　162

3.4 如果數據沒有比較與引導，
它就只是一個無意義的數據　168

　■ 對方看報表數據的習慣與形式為何　171

　■ 報表數據的三個內容呈現層次：資料、資訊、洞見　173

3.5 更專注於畫面內容的本質　181

　■ 提案版面呈現三要素：PGL　184

　■ 提案版面所有元素，共享同一個顏色規則　201

後記　當佈局後的「機會」來臨時，你就能把握住了　206

附錄　商業提案實戰金句　210

第 **1** 章

箭術：達成設定目標

Achieve the Goal

如何「聚焦」精準提案目標
與「收斂」正確的解答方向

商業提案如同畫靶、拉弓、放箭、是否命中的過程。
思考一件商業提案，務必先確認出對的目標與方向（畫靶），
將目標瞄準定位之後（拉弓），針對目標提出實際具有可行性的建議（放箭），
最後針對提案過程與內容進行反思（是否命中），方能提升商業提案的技術。

1.1 | 如何設定 讓對方有感的提案： 從問題開始

在任何的目標之前，都必定會有問題存在。

無論是企業經營、生意合作或職場工作，常有的狀況就是：

「因為市場趨勢變了，導致營收下降，所以我們要改變做法以持續提升營收。」

「因為客戶提出客訴問題，我們目前尚未答覆，所以我們要想辦法解決。」

「因為預計今年拓展新市場，現階段沒有完整的行銷計畫，所以我們要尋求幫助。」

　　在每次「所以」的解決方向之前，前端都是「因為」這些問題的產生，「所以」之後的執行動作，都是為了解決「因為」的問題。

　　一個商業提案的產生，就是依循著從「因為」到「所以」的過程而生。

　　「因為今年預備要推出一個全新的品牌上市，所以我們需要開始經營品牌的溝通行銷策略與執行時程。」

　　「因為受到上級指示，預計營收目標需要增長20%，所以我們要增加在社群上的聲量與營收轉換的廣告形式。」

　　「因為上半年受到疫情影響，營收減少超過三成，所以我們需要尋找轉往線上經營的管道和廣告方式。」

　　如果我們把「因為至所以」這中間的流程再往下拆解細分，整體結構是因為問題、挑戰或痛點的產生，所以必須確認現況並設定出預期目標，再依據目標提出執行方向與流程步驟，最後透過實際執行來解決前端所發生的問題，其中就包含FLSA四個階段的循環思維：

　　Finding：發現問題與需求方向
　　Learning：瞭解現況與定義目標

Suggestion：提供建議與發展流程

Action：實際執行與行動反饋

　　以上四個階段中，我認為每一個商業提案初始最關鍵的核心，
就在「發現問題與需求方向」階段。

商業提案 FLSA 階段

　　如果沒有針對對方現階段所遭遇的問題緣由，進行深度思考與方向確認，接下來的主題、解答與行動，就很容易有所偏差，儘管提案規模是隨著預算、人力、時程、客戶或高層意見而有所變動，但不變的是對於解決問題的核心思維，也就是在目標背後最終要解決的痛點為何。

　　因此在這樣的前提之下，你在思考向對方提案之前，必須有相關經驗或挖掘出對方為什麼要達成這個目標？這個目標的背後，對方真正遇到的問題、挑戰、痛點與其內在的真實想法為何。

　　通常具有多年經驗與客戶敏感度的業務相關工作者、生意經營的創業者或具有職場部門高階主管經驗者，通常在前期問題探詢的階段，就幾乎能從問題串連整段生意的脈絡，判斷這個客戶是否能有機會合作或是否要繼續花時間溝通的成本考量。

　　對於初次要向客戶提案，如果完全不清楚客戶的背景與團隊所面臨的問題與挑戰，許多提案者依然使用這樣的開頭：

　　「大家好，今天很高興有這個機會能夠與大家見面，因為我們是初次見面，所以我先介紹我們是誰……」

　　「我們公司其實有著二十年的歷史，而且我們公司是跨國企業，在歐、美、亞都有分公司設立，絕對可以幫助貴公司拓展全球市場……」

除非客戶剛好需要像你們這樣條件的團隊，或是因為其他因素而讓你們獲得提案的機會，否則以上的開頭方式就如同你去面試時，向在場的面試官背出你的身家背景與全家人的興趣喜好是一樣的無效。

面對內部握有決策權的老闆或主管也是相同的道理，報告執行工作項目或提案新的工作專案之前，你都要非常清楚知道「為什麼他們要執行這些項目或預計達成哪些目標？」

我相信老闆或主管在設定出這樣的目標之前，一定都是被「某些問題」影響而產出這樣的決策，所以如果你無法知道前端的「思考邏輯」到底是什麼，最後就變成「只為了這個問題而解答」。

「使用一個對的問題與需求作為切入點，就是短時間內讓客戶專心聽的關鍵。」

我曾經看過一間行銷公司的團隊來提案，提案者僅僅開頭用了三十秒鐘、一個問題與一個需求對焦，就讓在場與會的老闆與眾主管們，瞬間都抬起頭（因為商業提案的會議中，很容易會有人看手機、看著筆電打字或心不在焉），這間行銷公司是來賣線上廣告投放的生意，提案者在簡報第一頁封面開始之前：

「您好，我們有超過十年的廣告溝通經驗，也為多種產業與

大、中、小型品牌客戶進行廣告投放，我們最常遇到很多與您類似產業與規模的客戶問題都是：廣告投放商都不敢保證成效，然後客戶端也無法有效掌握進度，最後都在瀏覽數、互動數這種數字的成效上，但這根本沒有達成業績。我想你們應該也都遇到相同的問題，我們也知道那對你們根本沒有太多效果，尤其各位是執行單位的部門更是清楚，所以帶入業績才是我們的目標，我們從數萬元到數百萬元的預算經驗都執行過，接下來來看我們的案例……（跳第二頁簡報）」

　　當然前提是行銷公司已經在提案之前，先與單位窗口（Contact Person）或單位主管大致了解現況問題對焦與需求討論，所以在提案之前，**在已經熟知客戶的痛點是在廣告成效的煩惱之後，「不經意地」套入簡單、直接的問題聚焦作為開場，就立即進入此次的重點**，這就是能在短時間內讓人非常有感的提案開頭。

　　如果你的公司是屬於需要向客戶合作提案的企業、公司或部門角色，簡單來說就是要請款的那一方（乙方），那你應該更清楚前期瞭解客戶關鍵問題的重要性。

　　如果去正式提案之前，你根本不了解客戶的問題與所遇到的困難點，我相信在提案結束之後，應該會很直接地收到客戶的直白反應，儘管客戶未必會明講：「這不是我們要的。」但你的經驗會告訴你，過程中客戶所表現的情緒與肢體，說明了對你的提案沒有興

趣、沒有合作機會或碰軟釘子等。

　　但如果你的公司名聲、集團優勢與團隊組成，都已經在市場上具備一定市占率或知名度，那對於問題點的切入，更需要直接面對問題的核心，並且集中在**「我們在市場上具備什麼其他競品沒有的能耐，來幫助客戶真正地解決這些問題的專業。」**

　　只要你曾經身為品牌公司或客戶端（也就是俗稱的甲方），相信聆聽商業提案的經驗與機會很多，對於許多提案的決策選擇，除非是具備足夠流量、特定領域知名度之外，如果提案所提出的指標都是容易達成的目標（而且有很多方式可以達成），客戶可能又比你更熟悉這個產業領域的話，在沒有任何其他關係之下，客戶為何要選擇你的提案？

　　雖然每次提案的情境，都會隨著客戶產業、領域與環境不同，但在每個時間點，客戶都一定有面對不同的目標需求與遭遇的痛點，可能是客戶此時此刻正在煩惱或對於未來擔憂的問題，可能是客戶嘗試多次都無法解決的瓶頸，或是還沒有辦法找到適合的人選來解決這項問題等。

　　因此如果抓對了初期的問題方向，並從一個破題的問題中延伸，相對提案的成功率就大大增加，所以一個會成功的商業提案關鍵前提：

「你要把對方（決策者與利害關係人）的核心問題放在心上，

並且隨時掛在嘴上。」

　　讓對方清楚感覺到你是真的瞭解痛點、問題，或真心想幫助客戶解決問題，因此請容許我在提出「達成目標的解決方案」之前，先談談「目標之前的問題意識」。

▨ 問題意識就是主動挖掘問題的過程

　　一個提案目標的設定，背後可能是眾多的問題所積累而成，而一個問題的產生，背後可能來自於多個外在或內在條件的狀況同時發生。

　　例如某品牌發生一件公關危機，在這個危機的發生之前，可能是因為社群發文內容不當、之前就曾發生過類似事件，只是沒有爆發，團隊也沒有立即開會做出反應，老闆或主管認為這個危機不太嚴重，所以沒有正視它等。但是當這些條件都陸續交集在同一個時間點上的時候，這個危機問題自然就突然爆發了。

　　其實仔細探究每一個大問題的發生，背後其實都是由許多小問題累積而成。

　　因此針對問題，我們就需要倒推這個問題為何會發生的緣由，推測可能是對於市場現況的解讀錯誤或不滿足、經過數據分析之後所產生的結果認知、人在面對未知狀況所衍伸出來的痛點，或是老

闆個人經驗認知所交付下來的論點等，而這樣探究問題的過程思維就是「問題意識」。

　　「問題意識」，就是我們建立起對於如何尋找問題本身的瞭解程度（廣度）與認知程度（深度），唯有全面性的理解與剖析問題緣由，你才能思考出問題的主軸核心與判斷出正確的解決方案，進而盤整出現階段能夠提供的答案。

　　職場上，通常我們遇到問題來了，當下反應都是「趕快用最簡單、快速的方式，讓問題消失」。

　　我明白問題很煩人，尤其是每一天當你坐在辦公桌前，電話就會響起、LINE的未讀訊息一直跳出、會議一個接著一個，各種大小「問題」的發生層出不窮，來自客戶端的疑問、來自老闆的指令、來自主管的任務交付到同事之間，只要涉及到人與人的溝通，問題就是解決不完的東西。

　　我相信你每天踏入公司開始到下班離開公司，內心會感覺到：「為什麼每天問題都這麼多，真的很煩！」但相信我，如果沒有這些問題的產生，每天在公司的你，就如同掛在佈告欄的海報，有跟沒有都一樣。

　　對於一份商業提案而言，**「問題所扮演的角色不只是問題，它所扮演的是一個能夠建立正確目標的利基點、一個現況的起始點、**

一個能夠讓你可以依循的路徑與找到答案的曙光」，所以千萬不要一開始就急著找解決方案，因為一個問題，可能有超過十種以上的解答，只是在商業考量上，我們要選擇哪個方式能較省成本、時間與人力而已。

　　儘管我們都知道問題意識的重要性，但我們仍然習慣只將重心放在「解決方案」，遇到問題就盡快找出各種解決方案的優缺點、需要動用多少人力、花費多少資源、建立整體成本控管與時程的掌握，盡快在最短的時間內解決。但是在職場上，當前期的問題「方向錯了」，就代表著你的「解決方案根本沒有貢獻」，因為你連目標方向都是錯誤的，你所走的路根本不會有正確的產出。

　　尤其當你具有多年職場經驗之後，你會發現如果在提案或報告之前，沒有聽懂客戶或老闆的「問題」，常常就只會出現「頭痛醫頭、腳痛醫腳」的做法（他們提出這個問題，我們就解決這個問題，但通常解決這個問題之間又會跳出另外的問題，因為問題之間都是環環相扣的）。

　　而這種「頭痛醫頭、腳痛醫腳」的做法，最糟糕的是你中間整合了人力、時間與資源，努力了許久，到最後才發現，這個問題根本不是最關鍵且最迫切需要被解決的問題，還浪費了大量的時間與成本。

　　因此這也是為什麼在提案前期，務必先花時間確認目前的痛點、問題與需求方向的原因。

　　我觀察許多具有絕佳銷售業績與擁有多年客戶經驗的優秀
業務，通常初次與客戶提案溝通，最花時間的都不是在「介紹產
品」，而是在思考**「對於這個客戶，講述哪些問題或情境會讓客戶
有感」**，因為對於客戶而言，真正能瞭解自己所遇到的問題與幫客
戶著想的業務，就是成交的關鍵。

　　我常常收到來自高階經理人向上報告或決策者對外演講簡報與
發表需求，在初次討論的過程中，對方可能會一直告訴你，他想在
簡報內容放上哪些內容與什麼樣的產品資訊，我第一時間會記錄起
來，但我前期從來不是專注在「簡報內容的呈現」，而是如同「陪
伴式顧問的聊天」開始：

- ・為何想透過提案去溝通與解決問題？
- ・如何解決問題或想讓對方獲得什麼訊息？
- ・這個問題是對方最迫切要解決的問題或煩惱嗎？
- ・彼此兩者的職階、背景與面對這些問題的角色為何？
- ・何時需要這份資料？

　　透過層層資訊的積累，其實可以更快理解「提案者」與「被
提案者」之間的問題鴻溝，然後再將解答的內容依序放入其中，去
發揮它所應該扮演的角色，再加入需要被呈現出的價值或行動呼籲
（Call to Action）就好。

　　關於如何培養「問題意識」的習慣，因為問題意識的習慣絕對不是自動產生出來，它都是經由時間去累積與培養的經驗，你可以在每次接到老闆或客戶所提出的問題時，先自主思考問題本身的來龍去脈與影響範圍，再主動詢問老闆或主管背後的思維是否相符。

　　當我們遇到一個未知的問題或尚不清楚其中的來龍去脈，利用問題意識的習慣，在面對問題的時候，腦海中會自動產生兩條軸線，分別為X軸「主動挖掘問題發生的整體脈絡」與Y軸「思考其問題背後的成因與正確性」：

一、主動挖掘問題發生的整體脈絡（廣度）

　　例如問題發生的時間流程、利害關係人彼此之間的角色與所面對的情境狀況。

二、思考其問題背後的成因與正確性（深度）

　　例如發生緣由、主要關係人的背後思維、決策，與是否有其他因素影響等。

　　假設現階段遇到的問題是「老闆認為廣告成效不佳」，我們開始思考其脈絡與成因時，就會大致清楚整體概況：

　　一、問題的整體脈絡（廣度）：

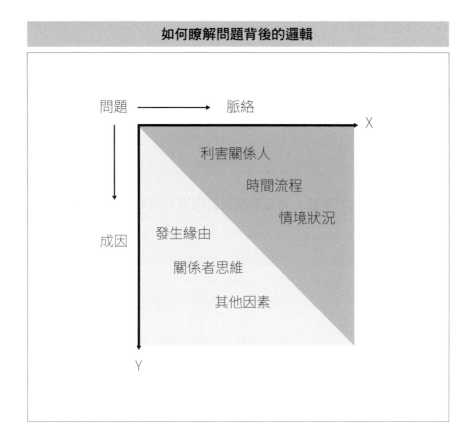

如何瞭解問題背後的邏輯

問題 ⟶ 脈絡

X

利害關係人

時間流程

情境狀況

成因

發生緣由

關係者思維

其他因素

Y

前期合作一檔廣告的角色，包含廣告代理商、溝通執行單位、決策者與其他利害關係人，合作流程是代理商與溝通單位先行討論決定後，再交由決策者確認。但前期討論時間太冗長，並且跨部門

各主管提出各種意見，導致後續修改時間太倉促，代理商反應沒辦法進行大幅度的調整與修正，最後成果也不盡如人意。

　　二、問題背後的成因（深度）：
　　廣告是跨部門團隊與代理商的溝通，在最後交付成果時，老闆卻認為最主要原因在於內容方向有問題，因而導致成效不佳，所以前期針對內容的方向決策，或許才是老闆的核心關鍵，因此不應該只是專注在成效的掌握，更是前期對於內容方向的多次對焦。

　　當你具有問題意識的經驗之後，在這樣的抽絲剝繭之下，你就會習慣性地探究與分析真正的問題核心與重要優先順序，然後再藉由提問，讓對方說出問題所在是否相符合，相信對於後續解決問題的速度與效率都會有所提升。

▓ 如何盤整出對方的問題核心

　　各位應該都有被保險業務員推銷的經驗，你可以仔細觀察與聆聽他們是如何在第一次或第二次見面時，在極短時間內去抓住客戶的需求，其中關鍵就在於提出對於「問題」的擔憂與生活周遭的「痛點」，立即能讓客戶有感。攤開一個保險業務員與客戶成交的過程步驟：

一、「瞭解」客戶目前的周遭現況與情境。

二、「建立」客戶周遭災禍的可怕與未來可能遇到的問題狀況。

三、「導入」事先預防與必須保護客戶與家人安全的重要性。

四、「提供」在客戶可能的預算範圍內，具有程度差異的選擇方案。

這種由「問題」切入的提案方式，就如同放置在水中的魚籠一樣，問題端就像順迎著水流的入口，引導魚兒（客戶）自由游進，逐步地落入魚籠內。

整段溝通的過程中，如果客戶對周遭災禍的可怕感受不夠強烈，或對於能夠帶來的效益或問題無感，直接談保險預防的意願就會大為降低，自然而然地距離成交就很遙遠，原因就在於「是否能夠清楚問題、認同問題與共同討論如何解決問題」。

面對客戶的提案或對內與老闆或主管的報告，我們很常聽到職場工作者都希望這次的提案能夠：「在極短時間內，用內容抓住對方眼球」、「想要正中對方想要的答案」、「快速抓住客戶、投資者或老闆的心」、「最難的是說到對方心裡面」。

要達成以上這幾個目標，關鍵在於前期是否有盤整出對方真正遇到的核心問題，如果無法依據問題的重要性、可行性優先找出關鍵問題，也很難提供適合的解決方案。

　　所以我們該如何快速、有效率地盤整出對方的核心問題與關鍵需求，讓商業提案能夠產生功能與價值？最快的方式就是透過與對方面對面的溝通討論，這樣就可以從對方所問的問題找出蛛絲馬跡，因為通常**「對方會問的問題，就是對方比較在乎的細節」**，這點是毋庸置疑的。

　　如果是針對單一問題的探究，可使用5W1H作為瞭解一個問題的基礎：

- 問題是什麼？（What）
- 為什麼會發生？（Why）
- 由誰產生？（Who）
- 在哪裡發生？（Where）
- 什麼時間點？（When）
- 問題如何發生的其他細節？（How to）

　　通常5W1H的問題方式，比較適合針對單一主題的思考範圍，但在具有一定預算的商業提案上，不太有機會遇到客戶公司只有「單一問題」，尤其是中、大型客戶的提案、決策高層的報告與大型會議專案簡報，所涉及的部門與相關資訊範圍多元，因此如何有效地搜集對方問題的完整資訊，我從眾多商業提案與內部報告的經驗與題目中，歸納出三個構面的「問題意識九宮格」。

　　問題意識九宮格的構面，是以**「對方角色」為中心**，主要目的是要幫助你在後續提案的內容中，能快速拉近與對方的頻率與距離，然後站在對方的角度了解所面對的情境，適用於業務提案、行銷合作提案或工作面試等，當你能挖掘「對方」越多的問題面向，就越能夠判斷「對方」所處的位置與需求。

　　「問題意識九宮格」區分成三個構面，每個構面個別延伸出三個項目，因此九格內容的關聯性都是環環相扣，只要是經營生意與管理公司，幾乎都會牽涉到這幾種面向，是很容易能夠從中獲取問題與痛點的方式。

一、對方所遇到的外在環境問題：

　　包含個別產業相關的市場趨勢問題、與競爭對手的比較與影響、現階段的主力目標客群或潛在客群的定位等。

二、對方所遇到的公司現況問題：

　　包含過去幾年的公司營收表現與未來展望、經營策略的思維清晰度，與對於成本控管的人員數量等。

三、對方所遇到的內部執行問題：

　　包含公司組織架構的客戶職階分佈問題、跨部門溝通的合作形式，與實際執行所會遇到的困難等。

　　經由初次的問題對焦會議或是初期的電話訪談中，可以去歸類客戶的問題面向，但在填寫這九格內容的過程中，也有可能遇到無法填入其中幾項、其中幾格並不是目前最被客戶重視的問題，或是無法在一次的會面討論中就全部問出來，其實都沒有關係，因為你至少在思考提案前，盡可能地知道客戶所有問題面向的統整，對於後續提案方向策略都不至於偏離軌道。

　　以下為相關範例：

問題意識九宮格		
外在環境		
市場趨勢	競爭對象	目標客群
公司現況		
公司營收	經營策略	成本控管
內部執行		
客戶職階	部門溝通	實際執行

外在環境		
市場趨勢	競爭對象	目標客群
目前我們市占率約3%，前三大市占品牌約50%，因此明年目標被設定預計要5～8%的目標成長。	中段班的品牌主要有三個：A、B與我們。A著力於線上廣告，行銷預算應該比我們還高，B則是著重在實體通路的活動體驗為主。但目前我們通路與線上都要做。	目前主客群以四十～五十歲為主，有年齡提高的問題，所以希望能夠把客群再年輕化，鎖定以新鮮人為客群。

公司現況		
公司營收	經營策略	成本控管
從資料來源中，年度營收趨勢有所變化，預計明年有下降5%的問題。	公司一直秉持著客戶至上為經營原則，但卻往往因為這樣，導致利潤縮減。	目前對於系統的開發是強項，也是目前市場上最先進的，相對的在這塊的人力成本居高不下。

內部執行		
客戶職階	部門溝通	實際執行
因為KPI目標與能夠使用的預算有限，所以在活動成效上必需要有足夠的營收。	通常專案從討論到通過，大約需要過到四個關卡，執行上會需要與最上層的總經理、副總、經理與主任確認，常常遇到某一個主管卡住，執行就會延遲。	此專案以企劃部門作為窗口，前端會結合業務部門，後端是設計與行銷部門，這四個部門是在不同的事業體底下，所以在執行時間上可能會有問題。

1.2 | 問題是緣由，
現況是起點，
目標是終點

　　為何在談提案的「目標」之前，前期需要去蒐集與歸納問題？

　　目的都是透過對方的問題描述，來確認整體局勢架構與方向，而這些問題都會是後續提案極重要的影響要素，如果我們無法獲得更多問題資訊，那你就無法全面理解對方的目標，以及對方需要你如何幫助他達成目標。

　　這也是為何要從前期的問題範圍來盤整提案脈絡的原因，因為在商業提案中，我覺得最令人害怕的問題**「不是走慢，而是亂走」**。

　　職場上產出報告、製作簡報、報告工作進度會議或商業提案都是相同的道理，為何有些人就是無法清楚地抓住重點與讓對方認同？為什麼有些人製作的提案架構總是感覺雜亂無章、毫無頭緒或沒有重點？為何有人努力熬夜了好幾天，做出來的報告卻完全不符期待？

　　通常問題的癥結點就在於你根本不知道或不確定雙方「所面對的問題要點」、「根本不知道自己處在什麼位置」或「到底對方需要達成什麼目標」。

　　想像一下，如果你現在困在一座森林裡，你該如何走出這片森林呢？或是你要帶領一群人如何走出這片森林？

　　如果你根本不知道你在這座森林的哪個位置，就只能憑運氣到處亂走，但往往這樣只會浪費太多力氣與時間，導致最後體力耗盡而走不出森林。

　　所以要走出這片森林，你可能需要先藉由太陽位置判斷東、西方位、想辦法爬到高處去確認方向、拿出指南針或地圖確認位置，目的都是盡快確認出「目前的位置在哪裡」與「要到達的方向」，唯有這樣，你才有機會走出森林。

　　所以探究與分析所有可能的問題範圍，除了幫助我們學習與理解未來要達成的目標方向（終點）、瞭解現在所遇到的挑戰與機會（起點）之外，更是釐清出整段脈絡的連結關係，當你能夠串連起這整段關係，通常提案的整體脈絡就已經大致清楚。

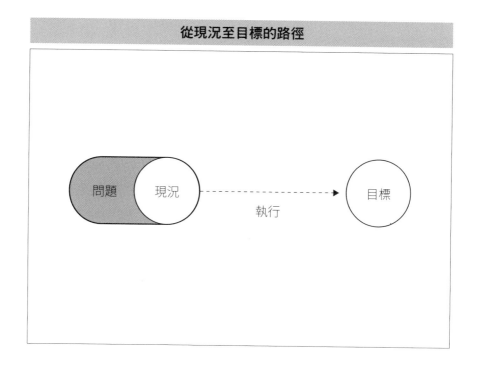

一件商業提案的基礎架構脈絡，就會建築在從起點（現況）至終點（目標）的流程，再依照流程需求，提供適合的解決方案與實際行動。但如果沒有清楚確認出兩端的現況與目的，就很有可能會遇到中間偏移主題，或遇到客戶突然轉成其他目標的突發狀況。

為什麼前期就要清楚確認出提案的整體架構脈絡路徑，我用一個問題做舉例：

假設客戶站在兩部電梯前面，一左一右，左邊電梯數字停在九樓，右邊電梯數字停在二十三樓，請問客戶按哪一台電梯能比較快到？

　　如果你不假思索地直接回答左邊或右邊，都代表著你根本沒有先理解問題與狀況。

　　你發現了嗎？這個問題的盲點在於「客戶目前在幾樓？」與「客戶要去幾樓？」。

　　客戶住在二十四樓或住在三樓，是完全不一樣的答案；客戶要去一樓或要去十五樓也都會影響答案，這就是為何要確認現有位置與清楚知道目標的重要性。

　　再者，當我們能夠透過問題盤整出客戶、老闆、主管，或你要溝通對象的整個邏輯架構之後，就要檢視與目標的距離，以及設定出一個**「可執行的目標範圍」**，這個目標不一定只是由客戶主導，而是雙方共同確認是往同一個方向走、階段性目標是對方想要的，並且是你可以帶著對方一起走完的過程，方能成為目標。

　　為什麼「可行性」在目標設定階段就這麼重要，原因在於只要目標條件與方向設定完後，通常身為提案方的你，應該就很清楚是

否有機會達成？多久可以達到？需要花費多少預算？這段時間內是
否有人力可以處理？哪些目標是階段性可達成的部分，都是為了接
軌未來在後續的執行階段，絕對不要為了拿下提案而誇大不實或耍
小聰明。

　　我在觀察優秀的團隊提案經驗中，發現都是在每個階段站穩了
之後，才會開始向下一步前進，絕對不會一次就把所有東西都丟給
客戶，因為在整體提案路徑中，第一個支點就是：**「從對方的問題
中，站在對方的立場，確認出共同可行的核心目標」**，因為唯有與
客戶（決策者或利害關係人）確認彼此都能夠認同且可被執行的目
標，才是拿到這筆生意最重要的關鍵。

例　如

客戶希望每年的目標是要賺五百萬，年度行銷預算只有五十
萬，但這就是客戶的現況，還是需要提案去拿下案子。

　　以你對公司團隊運作的瞭解，假設這個目標就是沒有把握或可
行性，在這樣的預算規模之下，你就要重新思考與定義合理目標，
或是在這樣的目標底下，如何調高客戶的預算，利用分享過往經驗
的標準進行討論，讓客戶清楚了解如何逐步達成階段性的目標，這

就是共同確認可行目標範圍的方式。

> **例　如**
>
> ───────────────
>
> 主管這次的目標是讓業務有效率地處理訂單，並且提升10%
> 營收，但最困難的是沒有適合的方式管理訂單，而且內部業
> 務團隊人力不足。

　　如果你知道這樣的問題存在，也清楚對方內部會遇到的挑戰，
就能因應找出如何在有限的人力內，透過自己公司產品方案，讓業
務與管理階層都能追蹤訂單，並更清楚地調整行動，只要每天多拿
下一個客戶，預計半年之後就有可能提升超過10%營收，這就是確
認出一個「可執行的目標範圍」──往提升10%營收方向走、階段
性目標是解決人力不足與管理訂單的效率，而且是你的產品方案可
以解決的答案。

　　所以在整體脈絡的目標設定上，應該要能滿足雙方的目標平衡
點，如果提案方沒有經過合理評估，就很容易造成未來執行步驟上
的難度。

■ 用一句話說清楚提案標題

　　無論是對外向客戶提案或內部提案報告，儘管我們清楚地釐清問題範圍，並且從問題中轉化成從現況至目標的架構脈絡，但在開始思考製作提案之前，我們可能會遇到以下難題：

　　「最難的是標題不知道從何開始。」
　　「如何在短時間內，就能收斂主題？」
　　「最難的是命名主題（標題）。」

　　關於提案的標題思維，有個重要的關鍵在於：**「標題不只是單純寫給自己看的，而是具有讓其他人透過標題，去理解內容輪廓或內容動機的功能。」**

　　在商業提案的主題上，談「內容輪廓」或「內容動機」的標題方向是完全不同的感受，儘管內容可能完全相同，但其中差異就會在於說明順序與脈絡架構的連接點。

　　今天要到客戶公司進行我方的產品介紹提案，我們希望客戶能夠訂購我方的產品，而提案內容都是在我方產品的規格、優勢與效益說明，但當使用這兩種標題的開頭，卻是完全不同的出發點與動機，對方感受的程度也有所不同，一個告訴對方「我們有什麼」，一個是從「我們要對方做什麼」。

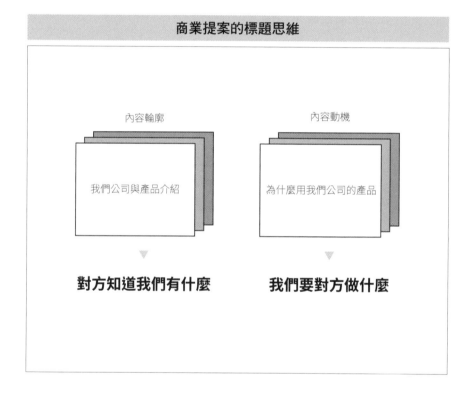

- 內容輪廓:「我們公司與產品介紹」,對方會知道我們有什麼。
- 內容動機:「為什麼用我們公司的產品」,我們要對方做什麼。

　　這兩種主題的命名方式，沒有好壞，只是適不適合，是依據所面對的情境、目的或對方感受而調整的。

一、內容輪廓式的標題

　　這就類似於書籍名稱或論文的題目命名，透過閱讀書名或論文標題，就會大致瞭解內容的走向，也是作者最想告訴閱讀者的主軸核心。

　　尤其是對外陌生開發提案，如果客戶沒有清楚表達出問題方向或要解決的目標，今天突然被交付要去與客戶提案說明產品，或是對內定期報告或資料整理等重複性的內容，在主題的設定上，最基本的原則就可以使用「內容輪廓」作為標題。

　　內容輪廓式的提案標題，就是要給客戶的標準答案，面對初次見面客戶的產品提案，我們很常發現提案標題是「○○公司與產品」或「○○公司的○○服務」，類似這樣的標準化主題。

　　與老闆或主管的例行性會議，也多屬於這樣的類型，包含需要討論什麼議題、需要呈現什麼資料、需要說明哪些進度，所以在標題的呈現就是**「簡單、清楚、明瞭」**，讓對方看到標題就知道待會要說明的內容為何，例如「某專案工作進度說明」或「第一次某專案目標對焦會議」。

二、內容動機式的標題

如果是具有業務或行銷方面的提案，如果還是使用「內容綱要」的標題方式，就會感覺是屬於較被動的「內容說明」，因為它不是你提案的「核心目標」，尤其你的提案是帶有目的性或二次合作，在提案的命名主題，就可以從「動作目的」作為標題切入。

當然初次與客戶見面，首要的目標之一是讓客戶從頭認識我們，並告訴客戶自己公司的強項是什麼、主銷售商品是什麼、負責團隊有多強等，但這都只是內容，因為**你提案的重點是要證明你可以協助客戶解決問題，你真正要與客戶談的是「合作」，而不是「介紹」**。

客戶今天願意提供機會來聽你提案，當然很高的機率是對於公司、產品或服務有興趣或想瞭解內容，客戶也清楚知道你們是要來提案洽談合作，可是如果沒有在提案的標題設定上，就給予客戶一個簡單、清楚且明確的目標是非常可惜的。

舉例來說，今日的會議目標，就是要提案給老闆或主管，並讓老闆或主管選擇方案，所以在標題的設定上，就可以清楚顯示出有選擇方案的意圖標題，例如「第三季產品營收提升方案選擇」，主動地「溫馨提醒」老闆或主管，清楚地知道接下來該準備做什麼的預期心理。

為何在很多知名企業合作的商業提案中，很容易看到「動作目的」的主題方式，在於對方不會給你一個下午的時間，聽你娓娓

道來一個故事，他其實只想知道你能幫助他做什麼、解決他什麼問題、如何讓他順利開始執行的答案。

　　如果你準備提案內容的時間很趕，當下要想到適合且直白的標題可能有些難度，該如何有效快速地找到合適的動機式標題，只要包含以下這三個關鍵詞，就很容易形成這樣的主題：

- 提案的目標客戶**對象**是誰：企業、學校、老闆、主管……
- 希望對方做的**事情**：買單、購買、擁有、選擇……
- 主力推薦**產品**：產品、服務、平台……

例　如

- 企業（對象）為何都購買（事情）○○服務（產品）？
- 大型服務業門市（對象）皆必備（事情）的○○產品（產品）。
- 如果還沒有使用（事情）○○產品（產品），你（對象）會馬上失去20%的業績！

　　透過這樣的標題內容，對方也會很容易意識到說明的主題與重點為何。無論是「內容輪廓」或「內容動機」的命名，只要在設定每一次商業提案的標題上謹記一個重點：**「不要廢話，直球就好」**。

1.3 | 提案就是一場 供給與需求的生意

經濟學中的供給與需求（Supply and Demand），是以「價格」與「數量」作為X軸與Y軸構面，來談供需中間的均衡點與變化關係。

如果將其應用在商業提案的概念上，就是當客戶的需求越急迫或所產生的代價越高，相對於我們可能拿下的預算規模或利潤就有可能越高，競爭對手的能力與素質也會相對提高。但供需原理不變的道理是因為要解決這項痛點或達成這個目標，因而需要你的服務，而商業提案的角色，就是提供預算規模與執行內容去滿足對方的服務。

　　針對一個商業提案的資訊需求，當你清楚認知對方現在所遭遇的問題與痛點、確切地知道對方心中目前最重要的議題與方向、瞭解對方可能會有的條件限制與挑戰，就能根據以上這些條件聚焦「需求」，接下來就是提供建議方案，並且方案是具有可執行性的答案，這就是「供給」。

　　供需原理，可以放在任何商業或職場的情境下去使用，我曾經參加一場腦力激盪（Brainstorming）會議，與我比鄰而坐的是一位優秀的區域營運主管，他個人是非常熱情與值得信賴，在我們共同合作思考提案的過程中，他與我聊到一個管理心法，就是他如何管理團隊人員與應對客戶的中心思想：**口不渴，怎麼知道水的甜**。

　　他在面試每一位工作者時，一定會詢問每個人來工作的渴望與想達成的目標：有人因為前一份工作無法發揮，所以這份工作是尋求一個成就的機會、有人因為公司老闆跑路，因此只想要尋求穩定並有機會賺到更多錢、有人只是單純打發自己的時間（這是真的，工作只是他們人生的其中一項事情）。

　　因此當管理者知道團隊內各自的問題、原因與追求的目標，也就是前期就知道問題是什麼的時候（需求），再透過因人而異的激勵方式（供給），共同達成總體目標設定。

　　如果我們拆解「口不渴，怎麼知道水的甜」的階段，短短一句話的邏輯，其實都是互相連貫的，而中間的過程大致分成三個階段：

一、確認對方是否真的口渴

這倒不只是單純「YES or NO」的問題，也不是單純地判斷對方是不是只是隨口說說或是真的口渴，重要的觀察細節在於對方「口渴的程度有多深」。通常判斷的依據，是透過外在市場所帶來的資訊與從內部所承受的壓力來評估，引導對方「逐漸」發現他自己其實是口渴的，或是到底有多急迫需要喝水。

二、提供對方幾種水的最佳方案

在確認對方口渴的程度之後，我們會同時思考可能的選擇方案，但這邊所談的不只是聚焦在各位手上現有的產品方案，而是透過與對方溝通後，羅列出可能解決問題的方案。

三、說服對方選擇你的水來解渴

除了方案選擇之外，最重要的關鍵在於對方為什麼要選擇你的方案。如果只單純聚焦在產品上，你會發現比較「產品」就跟比較「價格」是一樣的，**「市場上永遠都會有比你的產品更好、比你的價格更低、比你的速度更快的競品出現」**。

因此除了產品之外，其他的因素包含後端服務、信賴程度，如何解決問題的思維等，才是增加說服對方的關鍵。

對於商業提案而言，有些人會說供給與需求的這些道理都只是

老生常談而已。是的，或許你我的心中其實都很清楚「口不渴，怎麼知道水的甜？」，但越簡單的道理，通常都是越需要詳細反覆思考、檢視與執行，方能獲得其中的智慧。

■ 何謂商業提案的差異化

關於提供建議與解決方案階段，就是提案「差異化」最重要的策略置入階段，同時也是提案中最能影響整體預算規模、客戶信服與展現價值的地方。

提案的「差異化」，就是務必要找出一項（以上）是只有你們才能提供的優勢條件，來引導客戶判斷你們勝出最重要的關鍵或決策點。

雖然這聽起來很像老生常談，但是當我們在談「差異化」這件事，身為提案方的你，一定要非常清楚自己或公司產品的優勢（市場上其他競爭者短時間內無法達成的競爭優勢）為何，因為就算每間公司的生意範圍相同，團隊、願景、使命所組合而成的價值也有所不同，進而影響所能提供的服務範圍，所以一定都會有幾個差異化的元素存在。

差異化可能是後端客戶服務的完整建置、讓客戶能夠降低營運成本的模式、提供的贈品組合或具備非常具競爭力的成本讓利、品牌在市場多年印象的累積，甚至是服務過客戶的競品等要素，隨著

公司多元領域的商業客戶經驗，能夠為不同產業的客戶帶來不同的價值，都可能成為提案中影響客戶決策的機會點。

　　無論是哪種類型的公司，絕對都有各自的差異化優勢，只是是否能夠注意到並強化出來。

　　例如，大型公司的差異化優勢，在於有足夠的人力與資源可提供專屬的團隊服務，小型公司強調具備快速的決策與轉身能力去配合客戶需求，某網紅具備有三十至五十五歲女性客群的影響力，某公司具備足以壟斷市場的商業專利，新創團隊成員是由三大領域的專業知名人士所組成等，都是足以影響客戶為何選擇你，而不是其他競爭者的差異化關鍵。

　　我曾在一篇關於設計師聶永真與經紀人黃瀞慧的人設訂製對談報導*，看到聶永真經紀人黃瀞慧談到她是如何向客戶介紹「為何選擇聶永真設計」的提案，這樣的差異化就是具備非常細緻的思維在裡面。

　　其中的內容談到一個很關鍵的差異化概念，也就是她站在客戶的立場想，今天客戶為什麼要找設計師、需要設計師的理由是什麼，經紀人會分享「聶永真設計」的三個標配與三個隱形紅利：

　　● 三個標配：
　　・「美學與話語影響力」，也就是設計本身具有美學與影響力。

· 「銷售達標」，通常有搭配設計的銷售都會提升。
· 「傳播效益」，本身都會具備話題性。

● 三個隱形紅利：
· 「擁有這個設計，就多了與通路談判的隱形籌碼」，通路會感覺比較好賣，自然放到好的位置。
· 「成為不同消費族群的突破口」，喜歡聶永真設計的年齡層，以及拓展原來無法觸碰到的客戶年齡層。
· 「無痛感提高售價」，有設計就能增加產品價格。

　　上述的三個隱形紅利，就是所謂聶永真設計勝出的差異化優勢，這不是其他設計師能夠提出的優勢。

　　因為在標配中的設計美學、銷售、傳播效益上（也就是談設計師彼此之間的差異），客戶通常都帶有主觀的想法，並且可能無法很快體會其中的程度差異。但是如果關於促進銷售成長的助益，客戶馬上就會有感，自然就引導客戶是否買單的判斷，這就是非常具有優勢的差異化策略。

　　站在客戶的立場，利用客戶的反饋與過往的實際案例，去思考提案的差異化與打中的理由為何，是精進在商業提案中差異化的最佳方式。

＊ 資料來源：2020年NO.19期的《LaVie》雜誌

第 1 章　Achieve the Goal
箭術：達成設定目標

67

▉ 真實案例的做法，就是客戶的浮木

　　商業提案最直白的功能，就是提供「能有效地解決對方問題的方法」。

　　而提供給對方的方法，都是連結公司的重點產品項目或團隊所能執行的範圍，提案者需要的是如何把「客戶的痛點」和「自己的解決方案」合理化的接在一起。

　　但在這個階段的提案過程中，常發現提案方很容易會一廂情願地認為，自己公司所提供的解決方案就是最佳解法（或是公司的產品是最好的回應邏輯），姑且不論是否真實，對方會因為這樣就直接買單嗎？

　　而且在商業提案的過程中，其中最大的一個困難點在於：現在你所提供的解決方案與內容尚未開始執行，單純只有提出文字說明的情況之下，如何才能讓客戶有感地體會到解決方案的可能成效？

　　真實案例（Case Study），就是將對方目標落地與實際拉近距離的最佳方式。

　　我記得在某次預算超過數千萬的提案現場，遇到國際級廣告公司的提案主管，跟我說過一個商業提案的道理：「理論只是提供思考，經驗才有實戰效果」，我遇過很多厲害的提案者，都是持續在

戰場上不斷累積經驗的成果，並透過成果與戰功去說服客戶。

　　如果提案者只會用「深厚的理論」回答來突顯專業，相對地就會顯現出「薄弱的實戰」經驗，因為對於客戶或老闆來說，**「你不是老師，你是來解決問題的人，不要試圖用自己的話來說服客戶，而是用市場經驗教育客戶」**，而商業提案的定位，就是從旁提出好的建議角色，而不是主導客戶的角色。

　　因此在實際提案的過程中，無論你的提案邏輯架構再好，客戶需要的衡量標準（Benchmark），都是需要被市場所證明的「經驗」。

　　要獲得這樣的「經驗」，絕對不是靠講出哪本書上的金句，談理論的背後是給予信任的基礎與導引對方進入你的內容，但那絕對無法成為說服客戶的最後一哩路。

　　為何實戰經驗這麼重要，原因在於人在面對困擾時，會想知道其他人是怎麼面對的心理。

　　如果你不懂一件事或想學習一項技能，你可能會直接搜尋Google關鍵字或找尋課程（雖然這不一定是對的方式），去瞭解其他人如何解決這件事，透過其他人的成功或失敗經驗，讓你更能理解整件事的架構流程與工具方法，最後再衡量評估使用適合自己的方式去實際執行。

　　市場上也是相同道理，如果你在業界已經具備多年經驗、具有良好的戰功與名聲，但隨著客戶的產業差異、公司體系的差異、員

工人數的差異、服務模式的差異、產品售價的差異、品牌核心的差異、團隊組成的差異、核心價值的差異、資本的差異等，所提供的解決方向都有所不同。但你會發現很多解決方案「幾乎是無法被複製的，卻是可以被參考的」。

> **例　如**
>
> B公司客戶有一百萬預算，你怎麼說服B公司付出一百萬的預算？

　　告訴B公司，因為A公司花了一百萬的預算辦活動，結果活動之後賺了一千萬，超過十倍的投資報酬率，而在一百萬的預算之下（A公司獲得B公司想要的結果），總共執行了六件任務，所以你必須有憑有據地告訴B公司客戶，我們協助A公司賺了一千萬，所以你付出了這筆預算，可能也有機會能夠達到這樣的目標，雖然結論不一定能複製在B公司身上，但提供了一個能夠讓你拿下一百萬預算的方向。

　　這也是為什麼現在產品銷售活動，都需要加入消費者證言、KOL或專業人士推薦，讓你在選擇上會多一分的信任感受。

　　提案也是如此，客戶在選擇買單提案之前，會想瞭解藉由其他人的真實案例展示來確認可行的機率，除了增加後續執行的信心、

確保提案成果的成功率之外，還可以藉此認清整個局勢的最佳解
法，選擇出一條最符合公司現況的最佳方案。

　　面試的個人提案也是相同道理，利用過往的經驗案例，說明整
個流程的個人經驗與細節，而且幾乎沒有人會與你擁有百分之百相
同的經驗，面試方也很容易藉由案例內容的細節，瞭解到你個人所
扮演的角色與功能為何，再利用經驗評估你個人的價值。

　　所以在商業提案上，**隨時準備一至三個最符合對方角色或類型
的實戰案例參考**，是很好用的手牌。

1.4 | 目標落地執行的
三個關鍵：
時間、數字、動作

　　無論身處哪種產業類型、產品屬性、轉型模式或專案執行，訂定目標是整個策略很重要的一個環節，但在目標的設定上，很有可能會遇到客戶說出高大上（高端、大氣、上檔次）的目標，例如「我們要成為客戶心中第一個想到的品牌」、「我們要成為業界的愛馬仕」、「我們就是要消費者覺得我們是時尚的高端品牌」等，以上通常我會將它定義成「願景」或「感受」，但那些都不是「目標」。

　　目標應該是可被達成的終點，目標就是要把策略落地的銜接點，目標就是實際能計算出預算規模的執行項目，如果我們已經與對方共同確認出可執行的目標，以及說服對方確認建議方案方向之

後，通常後續行動的時程與執行步驟就會呼之欲出，因此要讓目標
執行落地，就需要具備以下三個關鍵因素：「時間」、「數字」、
「動作」。

將目標落地的三個關鍵

切出時程先後順序

時間

目標執行

數字　　　　　　　　**動作**

將認知結論數字化　　　　　　　　　　　務必結合執行動作

一、時間：切出時程先後順序

「時間」在商業提案的溝通執行上是非常好用的標準。

時間就是不斷地在過，職場上所有的細節，包含問題、理由、產品、製造、行銷或數據導向類型，幾乎都可以使用「過去、現在、未來」或「日、週、月、年」作為比較切入點，並且是讓人無法反駁的定位錨點。

我們可以藉由日期與時間，切出二至三個塊狀架構，包含過去、現在、未來，分類的方式可以是去年、今年、明年，可以是過去第一季Q1、現在第二季Q2、未來下半季Q3至Q4（H2），可以是去年十二月活動、今年十二月活動、明年十二月活動三者作為檢視與調整的比較目標，這就是將目標時間化的架構。

二、數字：將認知結論數字化

無論目標是從內部會議中討論出來的結果、由決策者個人的直覺或透過會議爭論所獲得的共識，只要透過各種數據將其數字化，就能討論出彼此的共識或中間的認知差異。

結論數字化，除了具有同一個標準能夠讓對方理解之外，數字化的特性就是簡單、清楚、明瞭，就能計算出從現況走向正確的方向，並達成目標的可能性。

相對而言，最令人無法確認的就是**「形容詞化」**的目標。

例如：我們今年度的最大主攻目標是「訂閱人數大幅成長」，

就是要「超越其他競爭品牌」，這種「大幅成長」、「超越其他品牌」就是屬於形容詞目標，很容易造成認知誤判，因為從老闆、中高階主管、一階主管到員工，所有人對於「大幅成長」的定義完全不同，有些人認為大幅成長就是成長50％，有些人認為只要加一千人就是大幅成長，但老闆想的大幅成長卻是成為市場第一大的會員人數。

　　因此當確立主要方向是「服務訂閱人數大幅成長」，我們要嘗試加入數字化的元素，可以根據市場主要競爭者作為標準，例如：目前相較於主要競爭對手，自己的市場訂閱數占有率是50％，而對手是25％（比例約為二：一），我們就可以訂定出幾種不同的目標屬性，第一是擴大市占率的差距，從50％提升至55％，第二為壓縮主競爭者的幅度，將25％降至15％，或是在今年需要增加三千筆的服務訂閱人數，這樣才更能讓所有人都清楚計算與目標數字的差距，再依據差距思考出後續的行動方向。

三、動作：務必結合執行動作

　　有了數字與時間之後，需要搭配的就是執行動作，其實就與專案執行的流程相同，在什麼時間做什麼事，對方會非常清楚了解在什麼時間應該會執行什麼項目，利用確切的時程切點，作為雙方溝通執行的依據，也才有辦法作為檢視執行的標準。

　　例如，三年內要開設上百間實體門市或達到年收五千萬營收的

電商，再來就要使用更準確的時間與數字作為標準，例如第一季將開幕三間門市、第二季展店十間門市、第三季展店二十間門市、第四季達成六十間門市的拓展版圖，再依據版圖細分人員數與執行期限，方能落實所訂定的目標。

　　未來如果遇到形容詞的目標，就嘗試把「時間、數字、動作」帶入，就能作為對焦與落地執行的關鍵。

▊ 持續在戰場上的人，才能不斷地累積經驗

　　我們將「拿下生意」或「能進行下一步」視為商業提案是否成功的檢視標準。

　　商業提案的目的就是客戶買單、老闆或主管同意、對方願意照著你所定的目標前進，但真實的商業提案，其實就跟業務性質相同，也就是**「失敗是很正常的事」**，絕對不要有認為花很多時間、金錢與精神的提案就會過關的預期心理。

　　無論是否達成目標或提案失敗，後續檢視提案過程與檢討失敗點，絕對是一個必要的動作，因為客戶拒絕的背後緣由更是充滿「變數」。

　　當你擁有完整從思考、報告至執行的過程之後，所有變數都是經驗的積累，而這些經驗需要一而再、再而三地被持續堆疊，唯有

這樣才能歷練出更有效率的商業提案思維。

　　這也是為什麼我會說持續待在戰場上很重要，原因在於無論是技術的推陳出新、趨勢的變化無常、市場的消費反應等，永遠最快被反應出來的就在企業與公司行號的營收上，這與市場、趨勢、技術、消費等息息相關，所以如果你長時間脫離了生意的範圍，其實相對而言，市場的敏銳度就會降低許多。

　　以教學為例，已經超過數十年沒有在商場上的實際經驗，就會一直拿過去固有的觀念與舊案例來討論說明，能夠符合現在的商業環境嗎？這就像是一位沒有太多戀愛經驗的人，在教別人怎麼談戀愛一樣。在過去的教學經驗中，往往「業師」能夠帶來更多的衝擊感受，因為當擁有能與現實環境持續接軌的經驗傳遞，才是未來能派得上用場與禁得起考驗的價值。

　　例如在數位廣告的投放，社群平台的廣告投放機制隨時都在改變，今天這樣的規則不代表能夠適合明天的機制、今天導購業績良好的客群，不代表明天這群人一樣會買單，但如果你沒有每天都接收更新資訊，廣告投放的成效會好嗎？就算持續待在戰場上，商業提案也不可能百分之百的成功，但可以的是「設法提高成功的機率」。

　　「設法提高成功的機率」的背後，在於失敗的結果一定有幾個原因使然，但務必要從中獲得「為何會失敗」的提案經驗，如果只是一味地向客戶提案，而不停下來思考提案內容環節的不足，就只

會一直失敗下去，如何有效地提升商業提案的成功率，有二個環節可以思考：

一、如果這次完全沒有合作機會，務必要去瞭解原因與觀察對方的預備心理

　　尤其是在提案之後很久沒聯繫，或來信告知沒有選中之後，事後其實可以私底下請教客戶的主管與執行窗口，你會很容易拼湊出「所有的事實」，因為每一層的客戶窗口說的都有可能是影響的因素。

　　很多提案廠商會擔心向客戶詢問提案的失敗原因，會讓客戶反感，會讓自己丟臉或困擾，但其實這都只是杞人憂天的想法，只要你站在客戶的立場希望能夠幫助對方，並且能夠保持與各層級的關係維繫，都能增加下次提案的成功率。

　　如果是對內提報新專案項目失敗，就可以私底下一對一找老闆或主管討論，是否在執行過程的細節上，有什麼需要特別事先溝通或注意某些「眉角」，相信你的老闆或主管就算帶有責備的語氣，都能為彼此種下信任的基礎。以上都是關於提案的反饋，而反饋就能提升未來提案的精準度和提高執行的效率值，並降低錯誤發生的可能性。

二、初次的生意合作，一定要想辦法至少先踏出第一步

　　我們很容易初次遇到客戶，客戶就會很直白地說明沒有足夠的

預算合作、旺季太忙，手上的專案已經很滿，或是你認為客戶所提出的預算，並不符合公司的預期目標等理由，但商業合作是這樣，從零到一通常是最困難的階段，從一到二的階段困難度就會減半（困難度與信任度的關係）。

就算初期只有少額的預算進行初步合作，都會比沒有合作來的更好，因為有合作代表就能開始累積信任感與熟悉度，而且如果連初次合作的機會都沒有，如何談未來的關係維繫與長期合作的信任感累積。

前面提到實戰經驗為何那麼重要，在於透過多次聽到客戶真實的期望或思維，你就會有提升對應的經驗，例如客戶說：「關於你們的提案，因為我們沒有這麼多的預算，所以我們還需要內部再討論。」如果在沒有太多應對經驗之下，可能認為這就是被客戶直接拒絕，所以就放棄了。

「預算」的確是商業提案中最敏感，但也最重要的關鍵要素，**「只要是生意合作，預算就是一個關卡，只要是提案，就一定要提及預算的合理性與擴充性。」**

但千萬不要因為對方使用預算作為拒絕的理由，就覺得這個提案失敗，有時候對方使用預算拒絕只是一個手段，真正的要點是找到彼此雙方所認知甜蜜點的平衡範圍，以及對方到底想要達成什麼樣的目標之後，我們才來推估適合的預算範圍。

如果你已經具有相關的經驗法則，就會知道如果對方是因為預

算問題拒絕，你就可以事先準備幾種對應的選項：

一、預算錨點的確認

　　如果遇到上述問題，務必詢問對方在這個提案或產品項目，預計約有多少預算範圍？或是以前的合作經驗，大致上都是什麼樣的預算規模？大概就可以估算出合作的空間與可能性。

　　最常遇到的狀況就是兩邊合理的期待值差異太大，導致提案方希望能拿到百萬的預算，但實際上客戶只有十萬的空間，這樣的錨點就無法訂定中間的平衡點。

　　彼此都很清楚預算多寡是決定多少工作項目的依據，但你的首要目標是要在合理的利潤計算之下去獲得與客戶的生意合作，先進入合理預算的範圍，才有選擇與調整的權利。

二、選擇方案的級距

　　因應這樣的拒絕理由，在提案中就可以先行提供多種範圍的選擇方案，作為彼此雙方的一個「默契」。例如有二種方案，一種是完整工作項目的預算規劃，另一種則是保有解決問題，但無附加價值的基本款方案。

　　或是將大型報價區分成多個步驟，包含前置作業、中間至後端的工作項目，將價格感受往下修正，讓客戶與你都有轉圜的餘地往下進行。

　　商業提案雖然只是生意的一個環節，但它就是一而再、再而三的循環，雖然中間會有未通過的結果，但就是會持續地提案、通過、執行、提案、通過、執行、提案、通過、執行、提案、通過、執行，這就是商業提案。

第 **2** 章

蓋樓：建立信任關係

Relationship Building

如何「增進」與他人的溝通
與「強化」自己的說服力

萬丈高樓平地起。
透過每一次的接觸連結與提案機會，就像在蓋樓一樣，
每一層樓所表現出來的都是持續積累的印象，
逐步地讓雙方建立起信任感與熟悉度。
當擁有了一定的信任感基礎，未來在生意的溝通合作上，
就能比起其他競爭者擁有更好的位置。

2.1 ｜ 商業提案，就是找到溝通關係的交集點

一個成功的商業提案機會，幾乎都是建立於「關係」之上。

促使一個商業提案的契機，其實從開始提案之前就已經開始了，這一連串的前提，其實都來自於「關係」。

關係可能來自於以前雙方或第三方的連結，透過轉介或過往合作經驗上的印象、初次面對面交談接觸感受，或是經由網路搜尋後的主動聯絡等，以上這些都是初次「關係」的建立。

建立起初次的接觸關係之後，就會有商業提案的機會，並且藉由內容逐漸強化對方的信心，透過多次與決策者、執行單位主管與窗口接觸，持續堆疊出雙方的信任感。

　　商業提案目的終究是為了拿下生意，但千萬不要認為「關係」是生意合作的全部，不代表擁有關係就一定會拿下生意，雖然關係就像是一張VIP座位的門票，但並不是所有生意都要靠著關係生存，更不要覺得可以濫用「關係」的權利來拿下提案。

　　我曾參加過一場下午的商業提案會議經驗，讓我記憶深刻。在我剛進入會議室時，前來介紹提案的廠商代表，似乎已經與各部門主管都具有一定程度的認識，並且在提案之前的言談中，重複多次「提及」與多個部門的主管已熟識多年，整場提案的氛圍是以半聊天、半說明的方式進行，因此就在提案的過程中，提案者一邊說明內容，同時一邊吃著麵包（現場告訴主管因為自己中午還沒用餐，所以獲得主管的同意），但這樣的過程經驗，似乎就是提案者已經把「關係」凌駕於「內容」之上。

　　不可否認「關係」的確是促成生意的機會，但生意是這樣，彼此尊重方能互信。

　　因此在商業提案中，所謂建立信任感的基礎，不只是在前期關係的經營，後續在於溝通雙方的交集共識與回饋感受，這其中的重要關鍵，談的就是「溝通觀點的頻率是否相似」的細節。

　　溝通頻率的相似度，包含提案廠商（乙方）是否能夠真的聽懂客戶（甲方）現在所面對到的痛點、挑戰或問題，是否能夠使用淺

顯易懂的方式讓對方聽懂，提供過往的專業經驗回饋給對方，是否能夠逐步地展現解決問題的邏輯與案例成效等，以上這些都是在增進彼此信任感的方式。

提案就是談人與人的溝通，而絕大多數的商業提案內容，達成共識其實就是磨合「溝通觀點」這件事的根本，包含如何說服原本不相信我們產品成效的客戶，藉由提案去認同我們的產品優點；我們提供給老闆選項，我們認為為何是這個答案；我們要說服想選另一個方案的主管，為何這個才是最佳的解決方案等，讓雙方都可以認可相同的價值與確認共同的目標方向。

如果你常需要與其他人「溝通觀點」，其實你很清楚「十個人來看同一件事情，就會有十種以上的觀點」。

因為每個人的環境背景都有所差異，在這麼多的變數影響之下，絕對不會出現完全相同思維的人。所以對於一個觀點的溝通，就是思考如何拉近雙方在觀點認知的「交集點」，就是讓兩條平行線找到交集點，進而建立起合作關係。

我們常聽到「平行宇宙」、「雞同鴨講」或「各說各話」，就是兩邊溝通都有在前進，但卻沒有交集，各自都有自己的邏輯論點，但在第三者以外的人來聽，卻感覺雙方是在講兩個完全沒有交集的論點。

每次為了要說服別人來證明自己的論點，我們會極盡所能並試

圖把可能涵蓋的重點範圍全部說了一遍，但聽完後通常對方好像依舊保持自己的意見，絲毫沒有要接受或妥協，這其中有幾個非常重要的理由：

一、每個人都只有自己經驗的那一面

　　無論是針對一則新聞、一句話、一份圖表或一個評論，往往我們都習慣產生一個先入為主的「成見」，例如：談事業體的規模大小，你告訴對方這算是滿大的規模，但「滿大」到底有多大？每個人對規模大的想像不同。

　　企業家對於營收規模的認知，可能是數十億到數百億的規模，但對於初始創業者來說，年營收破億就是具有一定規模，對於一般小型生意，可能一年營收破千萬就已足夠。當每個人所面對的市場、經驗、眼界或視野都不相同時，我們常常太習慣只思考自己所會面對的那一個範圍，而忘記把其他面向一起囊括進來，所以過往經驗就成為一個限制的經驗框架。

二、每個人的感受程度差異性

　　職場上，每天都在溝通，無論是與外部廠商合作、面對多人會議、與老闆或主管進行報告等，因為每個人的背景、經驗、專業、說話、認知、價值觀、職位都不同，所以每個人對於「感受」很難有平等的標準。

　　例如談專業經驗，你告訴對方規則就是這樣，但對方沒有這種規則的經驗，所以無法確認這樣的規則到底能夠帶來什麼成效。這樣的經驗就沒有太強的說服效果，這也是溝通說服中最容易產生問題的地方。

三、每個人對於一件事情的標準都不相同

　　看到一件產品，廣告行銷上都是優點，所有消費者留言都是極佳五顆星，這樣的廣告你會相信嗎？或許有人相信，也有人會提出質疑，甚至有人根本不信任這種評分標準，尤其是消費者聲量當道的現在，「有正有反」才更能加深標準的衡量指標，如果沒有設定這樣的標準，就沒有強化差距的感受。

　　談到整體工作進度，你告訴對方現在正在進行步驟二，但對方根本不知道所謂的步驟二是在哪個階段？你認為的步驟二就是這裡，但這裡是哪裡？因為每個人對標準相對位置的認知程度不同，所以這也是造成認知誤差的問題。

　　在商業提案的情境，最常發生的狀況之一，就是通常握有決策權的人，卻有可能是最不瞭解事情全貌的人，甚至對於專有名詞、時程、執行細節完全不在意，但對於預算與成效方向卻是最具有影響力的，因此如何溝通觀點，讓決策者有感、讓決策者覺得有效、讓決策者感覺可以達成目標等，就成為找到交集點的關鍵。

　　而在這麼多的商業提案經驗中，如何快速找到觀點溝通的交集點，又能解決以上的認知問題，「三比」是我看到最常被拿來運用的手法。

■ 溝通說服「三比」：百分比、比喻、比較

　　很多人認為**成功的溝通說服就是「要贏」**。

　　在外演講的場合，有人感覺大家拍手叫好就是說服聽眾；在與別人溝通時，講贏對方或對方最後同意照你的想法做就是說服對方；在一場會議中與對方大聲辯論，最後可能對方講不贏或老闆拍板決定你的提案通過……。

　　只要事情照著你所想的進行，你就認為已經說服對方接受這樣的想法；你身為主管，交付任務給團隊成員，只要對方照著你的方式執行，某種程度上就代表你已經說服對方；報告給老闆，老闆沒有其他意見，就代表你說服老闆了……。

　　以上這些都可能只是「自我感受」的認知而已。

　　我認為**溝通說服的前提是「對方要懂，才可能服」**。

　　首先要懂，因為溝通說服的前提是對方要能先真正懂你所說的，進而理解與產生相似的感受，這也是為什麼一句名言、一段情境、一段文章，或某一段歌詞能打中你的感受，儘管你未必真的懂

這一句話的實際含義，以及寫這一段歌詞的歌手真正想表達的含義，但你從前有相似的經驗去符合這樣的情境，所以你特別有感，也才會認同這句話。

我觀察擅長溝通說服的人，包括常需要表達一個思想或一件事情的講者、常需要說服客戶的提案者、常需要與大量不同層級溝通的創業者等，從每一個優秀的溝通者身上，我感受到如何清楚表達自己的思維，然後讓對方真的能聽懂，他們通常會使用幾種方式來溝通說服對方：

- 在談數字時，他們在口頭談的同時，會促使你腦中產生的畫面逐漸清晰。
- 在談情境時，他們使用生活中的場景，讓你身歷其境感受到一樣的位置。
- 在談感受時，他們會放入另外一個元素，讓聽這個感受的你感覺更強烈。

而以上這些方式，我將區分成「百分比、比喻、比較」三個面向來說明。

一、把事情「百分比化」，就容易找到遵循的脈絡
數字的百分比，絕對是所有人心中都有的一把量尺。

　　藉由數字的百分比，就可以達成在腦中「被實體化」的形式。

　　這是非常容易理解的溝通方式之一，它可以被用來樹立標準，同時又可以如蛋糕般切割出塊狀邏輯來。你會發現很多工作、目標與方向，甚至是執行程度、目標比重等，有些無法使用可數的形容詞，其實都可以用百分比去定義。

　　百分比衡量的標準，幾乎都來自於以前的經驗，例如「一百分是滿分，六十分是及格」、「一至五分，一分為最不重要，五分為最重要」、「1%至100%的排名區間」、「一倍、一點五倍與二倍的業績成長」等數字，以上都是可以清楚感受「數字的相對位置」。

　　「80／20法則」（The 80／20 Rule），也就是帕列托法則（Pareto Principle），是由義大利經濟學者帕列托（Vilfredo Pareto）所提出來的理論，他研究十九世紀英國人的財富和受益的模式時，觀察到大部分的財富，流向少數人的手裡，也就是我們常聽到的「20%的人口享有80%的財富」。但如果只說了「大部分的財富，流向少數人的手裡」，你無法衡量也不太會有感「大部分」與「少數人」到底是多少，因為你完全抓不到彼此的關係位置，但如果使用「20%的人口享有80%的財富」，你腦海中是不是馬上就會跑出相對位置與比例的關係，簡單且清楚。

　　我曾經看過一段訪談，是城邦集團首席執行長何飛鵬社長與商

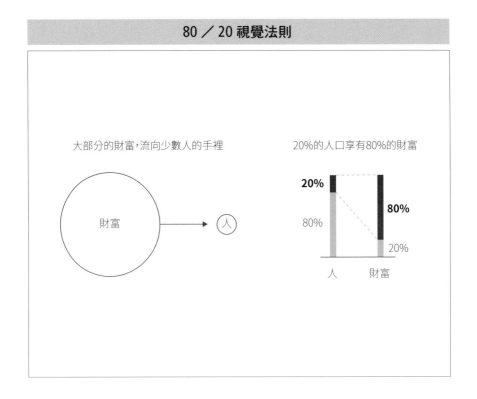

周集團郭奕伶執行長，兩位在一場對談中，談到關於培養主管這件事，內容有幾個論點，都使用了百分比化的概念來談，這都讓觀看者可以更清楚地瞭解講者的意思：

　　「我（何社長）在訂目標時，根據每個人給我的目標，再加上

20%；你既可挑起一百斤，最後做到一百斤有什麼好驕傲的？這就是你的實力；但我給你一百二十斤，你勉力完成後會很驕傲。」

「（主管）剛上任時，一定要先完成短期目標，但也要分一點時間去想明年以及後年要做的目標；我每年都是七三開，70%的目標今年要完成，20%的目標是明年，10%的目標是想三年以後。」

100%與120%，你非常清楚所增加的五分之一業績或是任務總量的一點二倍，感覺上就是需要再努力一點。但如果說了要給每個人設定一個「遠大」目標，這個詞該怎麼定義？有些人認為101%就是遠大的目標，有些人認為110%就足以代表更遠的目標，有些人覺得150%才是所謂「有點遠的目標」，但透過百分比式的形容，你就會很清楚範圍。 短、中、長期的目標亦是，例如工作時間、目標比例、營收成長，若以「七：二：一」這樣的形式作為說明，都能讓人快速找到比例與位置。

當然我們不只可以把目標過程百分比化，也可以把時間百分比化，更可以把思考百分比化，透過這樣的方式，可以很快讓人找到可遵循的路徑。

二、一個好的溝通者，一定很懂得比喻

通常在進行外部商業提案溝通或內部報告的時候，一定會出現

很多因為雙方專業經驗的差異、專有名詞或流程而產生的認知誤差狀況。

　　儘管你認為是很容易懂的名詞（因為你已經在這個專業領域許久時間），但對於完全沒有經驗的其他人來說，那就是一個充滿問號的名詞，因此如何快速找出讓對方能夠聽懂的意義轉換，就是「比喻」的溝通優勢。

「比喻溝通的方式，就是找出生活的共同情節。」

　　關於執行流程的比喻，如果是廣告投放的階段，我們可能會說目前還在確認產品優勢，接著準備廣告素材討論，再來才會進行投放測試，這三個階段，對於廣告投放流程沒有概念的人來說，這些過程就是有聽但沒有真正懂。

　　但如果將每個階段，使用蓋房子與室內設計的進度作為比喻就會非常清晰：目前這個階段就像把房屋樑柱先定位架好，才能開始規劃內部的格局，待規劃完成之後就開始進場施工，完成之後再把傢俱搬入，對方就會很清楚「原來是到這樣的階段」。

　　諾貝爾經濟學獎得主詹姆斯・托賓（James Tobin）說過：「不要把所有的雞蛋全都放在一個籃子裡。」這就是非常經典的比喻，也是被非常多產業領域使用的一句話。

　　如果直接告訴大家，不要把所有資金都拿來買同一種產業或類

型的股票，可能對於完全沒有購買股票經驗的人來說，就會產生不懂、不解為什麼不行的疑問。但如果使用將雞蛋平均分散在不同的籃子中，來說明萬一有一籃的雞蛋摔破，至少保有另一籃雞蛋，比喻如果持有不同產業類型的股票，萬一某產業股票都下跌，雖然整體獲益會減低，但至少不會陣亡，這樣的比喻就會很清楚背後所要強調的意思。

　　我曾在一次公開演講的場合中，聽到紅面棋王周俊勳分享自己當上世界冠軍的那場棋局。他談到他拿到世界冠軍的最後一盤棋局是三搶二的賽制，原本第二局就可以拿下卻反被逆轉，結果到了最後關鍵的第三局，他贏過對手「半目棋」而獲得世界冠軍。

　　他問現場的聽眾：「在圍棋的棋局中，大家知道贏過半目棋的概念是什麼嗎？」

　　現場他用一個很有畫面的比喻來說明：「圍棋贏半目棋，就像兩個在跑馬拉松的選手，在最後通過終點線的那個瞬間，贏過對手0.001秒的感受。」

　　如果你對於圍棋沒有研究，大概很難感受到所謂贏「半目棋」的差距，但藉由剛剛的比喻，腦海中是不是就有瞬間浮現，兩個跑者在最後終點線的那個慢速時刻，有個選手就比對方快了一點點超過終點線的畫面，你馬上就會知道半目棋的勝利是多麼令人振奮。

　　一個好的比喻，你馬上就會有感受，也就拉近對方與你的認知

距離。

三、比較是商業提案中不敗的手法

比較，顧名思義，就是把兩種不同的物件或情況擺在一起對比。

在商業提案中，「比較」可應用在各種元素上，從價格、功能、規格、外觀、效益到趨勢、服務、軟體等都適用，尤其輔以「時間軸」加強說明趨勢的變化、服務的體現、產品的使用優劣、業績的成長、人員效率值的變化等。

在 TED（Ideas Worth Spreading）的演講中，你幾乎可以在每一場中找到「對比」的手法，其中最容易感受對比的就是「先給問題，再給答案」、「先給失敗，再給成功」、使用兩張照片表現「現在與過去」的變化趨勢、引導我們可能會走向「再生或滅絕」的結果、產生兩種行為「極度恐慌或過度冷靜」的差異，而這也是為什麼這些橋段與故事，自然就會讓你極度有感。

比較的使用情境，重點在於你要突顯幾個元素或事件來決定，因為商業提案中往往不太可能呈現「很多」重點，通常一定會有一至二項主要核心重點呈現，或是使用構面作為基準，來比較出三項以上的數值或事件。

①完全聚焦在一個詞、一句話或一件事

聚焦單一主題的方式，就像有一盞聚光燈打在一個主角身上，

利用明暗、圖片或顏色的比較去突顯主題，無論是一段文字、一個聲音、一個圖案都可以適用。

聚焦單一主題

例　如

現今所有品牌都面臨客源短缺的困境，但我們有一個兼具省
20%成本與人力的解決方案，那就是「　　」！

加入比較元素

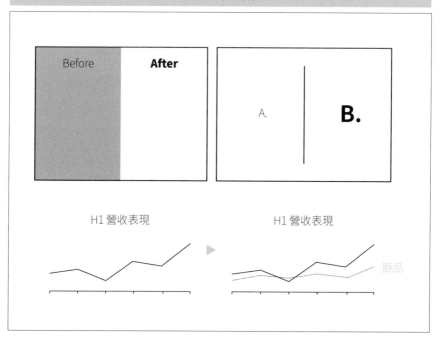

②把兩個元素、事件或數值放在一起看

　　這個模式是最常使用的形式，無論是在線上廣告、門市、行銷活動等，包含之前與之後（Before & After），使用前與使用後、業績比較圖表、競爭對手比較到去年與今年的總營收或利潤比較，這樣的視覺呈現會讓人立即有感。

③利用基準點，權衡出差異性

　　通常會運用在具有需要較長時間思考或是比較多個對象的情境，例如以速度、價格、品質的標準去檢視，對於客戶而言，自然而然就會產生一個權衡標準（Benchmark）。

例　如

餐廳菜單，最常見的會有「松、竹、梅」套餐，松餐三千元、竹餐二千元、梅餐一千元，用金額的區間感受差異。

方案A、方案B、方案C的廣告提案，在品牌風格設定上，一個維持現有風格，一個稍微突破，一個完全跳脫；在報價設定上，一個最便宜，一個最貴，另一個中等價格但多了加值服務，以上這些都是利用基準來產生差異。

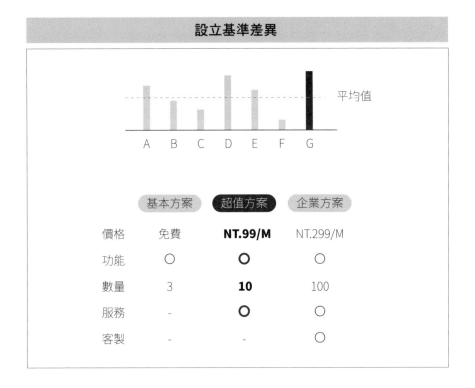

設立基準差異

相信只要善加運用以上的觀點溝通方式，都能讓雙方在認知距
離與頻率更接近一些。

2.2 溝通提案，最怕一直講「我」

　　提案，是其中一種「我們對著其他人」的溝通方式，語言、文字、圖像是一種溝通元素，使用紙本、影片或簡報，則都是一種溝通媒介。

　　透過這些元素與媒介來增進雙方的信任感，能讓「對方」瞭解他不清楚或不懂的事，而最常遇到的溝通困境，就是遇到「我方」只講自己想講的事情。

　　你今天要和客戶進行銷售提案，如果只是一味地介紹我這項產品很棒，我相信你會發現最後幾乎都無法有效成交。

　　你今天要和對方談合作提案，如果只是一直告訴對方我這個合作很好，但很明顯地自己占盡優勢，我相信你會發現最後合作都無法談成。

　　你今天要去面試，如果只是單方面地說我能力很強、我絕對是個人才，我相信你會發現最後你都無法獲得這份工作。

　　溝通上很多發生的問題環節，都是以「我」作為出發點的溝通，包括**「我認為、我以為、我覺得、我就是、我是想、我如何」**。

　　這其中的含義就是我認為別人都應該要知道、別人應該要懂、別人應該要清楚、別人應該要買單等，但真實情況從來都不是這樣。

　　無論是新鮮人初入職場或工作轉職進入一個新的環境，你和原先的工作團隊、主管或老闆，雙方都不熟悉彼此的工作習性，無論在言語溝通、做事習慣與工作效率上都還沒熟絡，我們仔細回想常常遇到執行的成果不符期待時，通常都是有一方使用「我……」的溝通方式。

例　如

_____

「我以為你講的意思就是這樣啊！」

「你剛剛幾點幾分時說過這句話，我以為是叫我要做這件事。」

「我以為這樣做才對啊！」

以上都是用「我……」來溝通的角度。

各位可以思考關於「我與對方的認知差異」這件事，我舉一個案例：

辦公室或茶水間都會有一台飲水機，無論是數位式或桶裝水飲水機，請問你對於公司的「飲水機」有什麼認知？

可能你想的會是：

「這台飲水機的水喝起來有沒有怪味？」

「它有定期清潔嗎？」

「就是一台飲水機？」

但如果身為公司的老闆或創業經營者，他們對於公司的「飲水機」有什麼認知？

「飲水機是資產。」

「飲水機與水都是成本。」

「飲水機與消耗品的使用期限多久。」

　　同樣都是一台飲水機，卻隨著角色、職級、價值觀的差異，而有完全不同的認知與定義。

　　假設某天你收到指示，需要擬定給老闆購買飲水機的提案建議時，如果你還是使用「我覺得」的思維，向老闆報告為何購買某品牌飲水機的原因，在於你覺得這台飲水機很漂亮、這台飲水機是高級品牌、飲水機擁有眾多科技功能，雖然價格高了些，但使用起來很有質感，以上都是「我認為」的理由，這樣的提案會讓老闆或主管點頭同意嗎？

　　如果要讓老闆或主管買單你的提案，你應該優先思考的解決方案，就不是著重在我認為的「飲水機外觀」與「產品使用感受」（並不是這些因素不重要，而是老闆認為比較不那麼重要），而是使用對方經營者的思維與立場去思考。

　　所以在提案購買飲水機的主軸，如果先以「使用期限、資產、成本、後勤維修」的思考模式，再輔以使用感受等其他因素，這樣的順序與論點對於公司的經營者來說，就會更加具有說服力，這也是調整由「我的」出發點，轉換成「對方的」的方式。

▓ 成功的溝通本質就是換位思考

如果你常需要向客戶提案，每週都要面對老闆或主管報告，你發現每種產業、每間公司、每位主管，所面對的困難點與問題都不同，甚至在同一個產業領域或公司文化之下，只要部門、職階或年齡不同，不僅所面對的「問題」與「困難」有所差異，所處的「角色」和「思維」也完全不同，甚至「文化」與「空氣」更是不同。

所有溝通與對話的背後其實都來自於「人的思考」，而這個思考是從情境與範圍所形成的答案。我記得有次與孩子的對話，讓我印象很深刻：

我問孩子：「你最喜歡學校的什麼課？是電腦課、畫畫課或體育課？」
孩子看著我說：「下課。」
當下我笑了，孩子也笑了。

我們發現大人的思考可能只專注在「課表」的範圍，出發點是從課表中選出一項的答案，但是孩子是真正在學校的人，所以他的內心是「整天」的行為範圍，是從整天的情境中選擇出他真正喜歡的部分，所以當我們沒有從對方的情境範圍去思考，你會發現其實

所思考的方向完全不同。

　　隈研吾是日本知名的建築師，在台灣的作品包含台北的白石畫廊、花蓮吉安鄉的星巴克洄瀾門市、位於新竹新埔山區的王禪老祖廟等，在《世界知名建築師的提案策略》一書中，提及他在設計提案的時候，反而不是從理論出發，而是意識著聽者立場與臨場反應。

重點在於「要如何增加與自己同一陣線的人」。
也就是說，製造共鳴者。

　　製造共鳴者，這裡面的智慧就在於「換位思考」思維的實踐，你能夠站在對方的角度來說明，對方不自覺地也會認同你所說的話，以及有所共鳴與回應。

　　商場上向客戶進行銷售也是相同，如果業務一直只使用自己的感受作為定論，例如「我覺得這個很棒，你一定也會喜歡」、「你買這個一定會賺」，儘管可能初次強迫成交，但關係也絕對不會長久。

　　我有一位擔任房仲的朋友諾哥，我用他真實的職場經歷，說明換位思考為何這麼重要。

　　諾哥過去是從事房仲業的業務，專門經營台北仁愛區與信義區的客戶，多年以來他都是全店優良業績的常客，有次聽到他與客戶

的故事之後，我才知道為什麼他業績持續這麼好的原因。他提到他剛進入房仲領域的真實經驗：

　　某天他要開車載客戶去看房，這位客戶住在山上，所以他從山下往山上開車到客戶家，開車的過程中，他沿途計算從客戶所住的房子距離山下最近的便利商店，大約要開車二十分鐘的距離，到市區要超過三十分鐘以上，於是就在開車載著客戶下山去看房的路程中，諾哥就問了客戶：

　　諾哥：「您住的這間房子，離最近的便利商店都要開二十分鐘以上，不會覺得平常生活採買很不方便嗎？」
　　客戶：「不會啊，因為都是傭人開車下山去買的。」

　　是的，原來經過「換位思考」之後，發現對於這位客戶來說，在選擇購買房屋的條件中，並不是全部客戶都適合使用「地點（Location）、地點（Location）、地點（Location）」的通則，原來「地點與交通便利性」在這位客戶身上，不是首要考慮的第一選項，也不是銷售的唯一理由。

　　原來同一件事情，在不同背景、經歷、環境下的人是完全不一樣的認知，你根本沒想到原來不用自己採買、出門都有專車接送、回到家打開冰箱就有東西可以吃，對於某些人來說是稀鬆平常的事。

　　我常用這個故事隨時提醒自己，千萬不要用自己固有的思考去

套用在別人身上。

　　職場上如果具備「換位思考」的思維，好處在於可能讓你在前期多詢問了一個問題、多思考了一個環節、多做了這一個細節步驟，後續其實省去了更多的時間。

　　過去的工作經驗中，也讓我在「換位思考」這件事情上印象深刻。

　　某日下午，老闆請會計匯出一份數據報表給他，結果隔天上午老闆氣沖沖地走出辦公室對著會計說：「為什麼報表還沒寄給我？」

　　會計當場用一種懷疑又擔憂的表情，立刻在電腦上查了一下，並告訴老闆：「我昨天下午十六點三十七分二十七秒的時候，就已經把檔案寄出去給您了。」

　　然後我用餘光看著老闆，老闆無奈且生氣的說：「但你沒告訴我啊！」

　　我看到會計站在原地不說話。中午與會計一起吃飯時，她滿腹委屈地訴說她覺得被冤枉的感受。

　　仔細思考兩者彼此的工作立場有錯嗎？

　　或許有，或許沒有，會計的確已經「做完」該做的事情，探究發生這件事的原因背後，在於老闆可能整天都很忙碌、會議行程滿檔、信箱可能一天就有幾百封未讀信件，未必隨時有時間去開啟檢

查每一封信。

　　如果我們具有「換位思考」的角度，重新思考一遍整件事的經過，當今天老闆很急著需要一份文件的時候，會計做好並寄出檔案給老闆之後，其實該思考的重點是「老闆感覺很急，要確保老闆真的有收到檔案，如果沒收到，應該會造成老闆的麻煩」，所以為了要讓老闆即刻知道檔案已經到他手上，就再用電話或口頭問老闆，就是要確認是否有收到檔案、確認老闆開啟檔案沒問題，才算完成這個交付任務，這就是換位思考。

■ 如何提升換位思考的敏感度

　　或許你我都知道換位思考的重要性，但實際要做到真的不太容易，因為必須擁有一定程度的洞察經驗，並且熟悉對方的思維模式。

　　在產品設計或市場行銷的領域中，如果想瞭解某個特定的對象類型、某種潛在使用者或主要消費客群，我們會透過前期質化訪談或量化問卷資料，分析出適合的人物樣貌特質（Persona），其實就與換位思考的本質相似，而分析人物樣貌的資料有兩個理由：

　　一、用來解讀目標客群的行為、思考與生活模式，透過如履歷表般的視覺呈現，更能關注目標客群和產品互動的方式，找尋出新型態產品或使用模式去切入市場的契機，這是很

　　常應用在行銷或設計團隊溝通的一種工具。

二、讓客戶與團隊所有人，都能夠共同聚焦在相同的目標客群
　　之外，更重要的是讓大家透過彼此的經驗來設身處地思
　　考，這種類型顧客的可能特質與生活樣貌，以及還有什麼
　　潛在需求尚未被滿足的可能性。

　　如果你對於如何了解目標客群樣貌有興趣與想進一步了解，可
上網搜尋經典的產品設計案例流程「IDEO Shopping Cart」。

　　商業提案中的換位思考，過程在於**「藉由讓自己更瞭解對方
的認知觀點，然後反過來用對方能理解的方式，來認同你所說的觀
點」**。

　　就是你會站在對方的立場，思考這樣的溝通是否真的能夠有效
傳達，也因為這樣，在心理上就是會為對方「多一點」，或許是多
做一步、多想一點、多關心一下、多瞭解一些，因而改變自己說明
的方式與順序。

　　在商業提案的過程中，每一次都應該會有所謂的決策者、決策
關鍵人或隱性影響決策者，針對這些人，該如何提升自己擁有換位
思考的敏感度，關鍵在於觀察對方的二個部分，包含「外在環境的
影響」與「內在思維的生成」：

一、外在環境的影響

　　從觀察對方的「立場」開始，也就是對方所面對的環境條件，包含職級位置、就學背景、公司經歷、業績指標等，都是屬於外在環境的影響因子。

　　例如，只要是經營管理者、經理人或業務導向，通常對於交際、成本、生意的敏感度，多半會高於其他職務的人，如果決策人是企業家或具有創業思維，對於現金流、人力、團隊也都會很有感，這有點類似於「不在其位，要謀其政」，所以當面對一個問題時，你就會大概知道對方環境影響的要點為何。

二、內在思維的生成

　　我個人觀察老闆或主管，一定會非常專心觀察與聆聽，**「他們用什麼情緒或表情在說什麼事」**，因為一個人所說出來的話就代表他在想的事，包括邏輯、順序、論點或語氣。

　　要觀察一個人的思維與想法，從他所說的話最容易體現，從談論議題的語氣、情緒到肢體語言，其實都在告訴大家他在意什麼、他對什麼話題有感、他的個性與角色為何，對於某些事物比較重視或著迷，因而產生的認知與偏好、有培養哪些興趣等。

　　只要透過多次的觀察紀錄與合作經驗之後，相信你將更能提高換位思考的敏感度。

2.3 | 向上提案，你需要多走一步

　　無論你現在是職場工作者或曾經為職場工作者，談到人生中曾遇過最好或最糟糕的老闆或主管是誰，我想你腦海中都會瞬間浮上某張熟悉的臉孔、某種語氣或某個身影。

　　影響你決定是否離開或留在現在的工作環境，除了職位晉升（名）、薪資福利（利）或職階與部門規模（權）等條件之外，我想「直屬主管或老闆」絕對是影響個人去留很重要的關鍵因子。

　　因為對於所有工作者而言，無論是提案溝通或工作報告，最容易產生煩惱的多數問題，都是來自於內部與「老闆」和「主管」的溝通過程，而這也是接下來我要談的部分。

　　在一份工作中，所謂好老闆或好主管的定義，也許是曾經幫助你在職涯上成長的導師、持續給你痛苦磨練的機會、能夠適時地給予你人生抉擇建議的明燈、能夠和你站在同一陣線上的夥伴、能夠站在你的角度，為你爭取提升薪資或福利等。

　　多數職場工作者回過頭來思考整個職涯，很多職場工作者與老闆或主管的相處時間，甚至可能比家人更多，因為需要共同面對過程與扛下成果，所以如何與老闆或主管保持在同一個溝通頻率，討論前往同一個方向與目標，就成為職場工作者很重要的功課。

　　無論身在企業或創業，「向上關係」是每一個人都會碰到的課題，你是總經理，上面還有董事會；你是創業者，上面是客戶，下面是員工；你是員工，上面可能還有無數層主管。

　　我在多次與各產業的職場工作者進行問題討論，對於向上提案與溝通部分，最常遇到的困難點在於：

　　「最難的地方在於抓不住老闆的口味。」

　　「最難的是，要講進老闆的心裡……」

　　「最難的是難以預測長官的想法。」

　　「最難的是老闆一直改，改到最後其實是最原始的第一版。」

　　「最難的是根本不知道老闆善變的心……」

　　「最難的是老闆的口味永遠都在變。」

　　「老闆、主管是什麼生物？為什麼想法差那麼多？」

是的，與老闆或主管之間的溝通問題永遠說不完。但以我的經驗來說，無論在溝通說服或執行配合上，有一個很重要的關鍵：

「與你的老闆或主管合作，不要每次都讓自己讀空氣，你需要的是往前多走一步。」

接到指令時，多問一些。
共同開會時，多聽一些。
與他們吃飯時，多聊一些。
幫忙做事時，多想一些。
搭乘交通工具時，多講一些。

我覺得與老闆或主管相處是這樣，當你越害怕與你的老闆或主管溝通與相處，其實你的老闆或主管相對地也會害怕與不安（除非你的老闆與主管不在意成效）。你仔細思考一下，假設你是老闆或主管，你請下屬協助一件事，下屬中間完全沒有報告與溝通，眼看時間就要到了，請問真正會害怕與不安的人是誰？對於主管來說，「未知」是很令人害怕的一件事，能夠「掌握」才會安心。

以前初入職場的我，曾經在與一位主管的相處中，學到非常重要的一課。

當時進入某全球品牌通路行銷單位，直屬主管是具備多年資

歷，個性屬於較急促、對於工作細節掌握度很高的人，剛開始與這
位主管合作的時候，因為自己手上要進行的專案非常多，通常都是
調整自己的時間來應對所有專案，因此我都只專注在「如何快速
地解決任務」，卻沒有把心思放在「與主管的雙向溝通」，中間就
造成了對於成果的認知差異，甚至在一對一討論的時候，主管覺得
自己好像沒有很清楚共同的目標，導致後續討論修改的時間大幅增
加，反而落後了進度。

　　進入一個新的環境、面對一群新的同事、開始與一位新的老
闆或主管的合作，儘管經過冗長的面試關卡，但實際上雙方依然不
熟悉彼此的做事方式與思考模式，因此初始「多次」、「重複」、
「連續」的溝通，都是不可避免的環節。

　　透過這樣的溝通頻率，目的在於讓雙方知道彼此的工作習慣、
思考模式與對於整個目標的理解程度，同時找出彼此能夠互相配合
的方式，持續的累積信任感與信心，這都有助於增進向上管理的成
功率。

■「先回答疑問，再提高期望」的溝通模式

　　無論是口述、E-mail、LINE對話或會議，我們常會聽到類似以
下的對話：

主管：「目前A專案的進度如何？」

員工：「我昨天已經跟廠商聯絡了，目前還在等某廠商回覆，他每次回覆的速度都好慢，這樣真的不行@#$%^&*」

老闆：「那個B產品下單了嗎？」

員工：「ㄟ……現在有遇到一些狀況，就是因為預算問題，所以原本要買B產品，結果現在無法買了……」

如果你是主管，請問從員工的回答中有收到你想要的答案嗎？好像有，又好像沒有，但似乎在回答之間，好像又增加了其他問題。

通常主管會問，就代表對於某個環節不了解或對於整體狀況尚未清楚，**所以每一次的詢問都是在告訴你，他「關注」什麼或你「遺漏」了什麼進度沒說明。**

所以當收到問題時，第一時間務必要先解決他的「關注」，他才會繼續聽，你不先關注他關注的事，他的心就會懸在那邊，所以解決方式就是你要先給老闆與主管要的，然後再加上自己的建議與想法，這就是先填補疑問，再填滿期望的溝通方式，我從上述案例再舉例說明：

主管：「目前A專案的進度如何？」

員工：「A專案目前整體進度延遲一週（*先回答疑問*），因為廠商產品寄送延後。但我昨天下午已經跟廠商聯絡了，目前還在等廠商回覆，我今天下午三點會再次催促廠商，收到商品後會立即再跟您說明（*再提高期望*）。」

老闆：「那個B產品下單了嗎？」
員工：「B產品尚未下單（*先回答疑問*），預計本週五會下單訂購，現在主要是因為預算卡關，所以我已經事先與採購部主管溝通，並且已經安排好後續行政流程（*再提高期望*）。」

你會發現嘗試著先講答案（回答疑問），後說原因與解決方案（提高期望）的方式，除了讓對方清楚得到他想要的答案，更符合對方邏輯的先後順序，就能提升對方的信任感。

■ 老闆與主管，是要持續觀察、理解與表現的

只要討論到老闆或主管的網路文章，留言總是熱烈又實際，儘管抱怨歸抱怨，明天起床依舊要面對，因此如何解決中間的溝通隔閡才是重點。

就算你已經決定要離開這間公司、離開這位老闆或主管，向上管理、面對老闆或主管相處的課題，是到每一間公司就職都會遇到

的狀況,因此如何與你的老闆或主管保持相近的溝通頻率?

我認為,「老闆與主管,都是要持續觀察、理解與表現的。」

我與眾多主管與老闆交手的過程中,每當與他們一起開完會、共同面對客戶到執行任務,我都會嘗試了解當時討論的情況,進而理解他們這樣決策的理由為何、詢問發生問題的原因,是在擔憂哪些事情,因為唯有設身處地的思考,才能協助你平衡思考上的落差。

如果你不打算這樣做,也不想惹事上身,通常就會變成被動式地聽老闆或主管說一做一、說二做二,老闆或主管說做這件事,我就去做這件事,這聽起來很正常,職場上不就是這樣嗎?

但最後就會掉進一個狀況,**當你開始只習慣把一件事情「做完」,那事情就不會「做好」。**

要「做好」的前提就是你要了解對方,到底為何要這樣做?為何會這樣想?

換一個立場思考,如果你非常清楚老闆或主管背後所遇到的問題脈絡,你把背後對於問題的思維脈絡與目標再重新串連在一起,其實你可能比老闆或主管更能找出更有效率、更好的解決方案,甚至找出新的目標,這個新的目標除了能夠幫助你的老闆或主管之外,更能顯示出你個人的價值所在。

如果你發現老闆慣性使用「成本」與「風險」來思考所有事情,那提案或報告的溝通順序,就可以先從「成本控管」的角度著

手，先講完成本結構的階段，老闆覺得這個成本結構可接受的狀況
下，再將所有執行過程都溝通清楚，這樣後續就很容易過關。

　　無論是一份提案、一場會議、一件專案或一個企劃，如何讓自
己與老闆或直屬主管溝通順利，有三件事情是非常重要的關鍵，分
別是事前對焦目標、慣性溝通走向與持續觀察反饋。

一、事前對焦目標

　　所有的工作細項與流程，「隨時都要對焦、對焦再對焦」。

　　例如一個企劃案，明明我們是依據老闆或主管的語意指示，擬定
好整體脈絡與流程圖，結果提案會議時卻被老闆和主管打槍。究其背
後原因是什麼，就是中間少了一個非常重要的環節：事前再對焦。

　　事前對焦的概念就如同「會前會」的召開，如果曾經有遇過
大型預算的商業提案經驗，就會知道會前會的重要性，也就是在與
老闆或決策者的會議之前，先行與內部執行人員召開會議，討論現
在的提案內容可能會遇到的挑戰或問題點，以及老闆或決策者會使
用什麼立場來回應等，因此可事先擬定答案或預備其他計畫（Plan
B）的方向，而這樣的溝通階段就是「對焦」的好處。

二、慣性溝通走向

　　如果是初入職場，或轉職與新的老闆或主管合作，請務必要不
厭其煩地常出現在老闆或主管面前，頻繁的、多次的溝通與討論各

種工作上的進度，先讓老闆或主管熟悉彼此的工作模式。但如果老闆給你的感覺是趕快把事情做完就好，不要一直來討論的話，那可以先用自己的邏輯做完後，再使用「成果」去與老闆或主管討論，也比較容易聚焦彼此的認知。

　　如果你已經具備多年以上的工作經驗，你可以自設「固定的時段」進行討論，讓每一次討論去增加信任感與熟悉度，讓老闆或主管熟悉彼此的溝通模式，未來在內容溝通上都會更加順利，如果已經與老闆或主管具備了工作默契與信任度之後，相信老闆或主管就不需要你一直進行頻繁地溝通。

三、持續觀察反饋

　　向上溝通，最重要的要點是持續累積**「思維資料庫」**，通常老闆或直屬主管都會有認為很重要的觀念、思考、用語或口吻，而且通常是很常講出口的論點，以上這些都是可以被觀察與記錄的，甚至如果你的老闆或主管是名人，常在媒體發表言論或受訪、寫專欄文章，你更需要透過閱讀這些內容來增加溝通上的經驗。

　　相信透過持續的對焦、慣性的溝通與持續的反饋經驗之後，都能更快速地累積出彼此的信心與默契。

2.4 | 對內報告的
會議旅程

內部報告，是幾乎每一位工作者都會碰到的工作項目。

對內的報告類型，包括進度、業績、管控或討論，大至股東會、專案或決策，小至溝通細節、工作進度到口頭報告等。

如果只是單純地報告工作進度，那就是偏向單方面的討論說明，但**如果你的報告帶有「需要對方做出某些決定或動作」的內容，其實本質就是一種「提案」。**

例如報告與某網紅合作專案的可能性、提報新的產品上市、策劃季度行銷活動等，其實都是一種內部提案，既然是提案，就要提出合理的邏輯架構流程，才能引導對方順著你所設定的目標前進。

　　無論是內部提案會議或工作報告，在每一次內部的溝通流程上，幾乎都會有四個重要的階段：

　　一、確定對的目標方向。
　　二、現在我們正在哪裡。
　　三、多久做到什麼階段。
　　四、什麼時候完成目標。

　　報告一個工作進度或專案的流程，大致就包含這四個重點階段，但彼此之間的重要程度，卻有著不同的定義，其中有個非常重要的思維，就是**老闆或主管只想知道「與他們有關的事」**。

　　如果是決策端的老闆，他可能只會在意「確定目標是對的方向」與「什麼時候完成目標」，他們確保的是執行的正確性與完成時間點，但對於執行細節可能不會有太多的關注。

　　如果是利害關係人的部門主管，需要立即關注與在意的卻不只是結果，還有「現在我們在哪裡」與「多久可以做到什麼階段」、「什麼時候達成什麼目標」；如果是執行人員，報告是為了讓他們清楚掌握「多久做到什麼階段」、「什麼時候達成什麼目標」。

　　所以每次的會議，都必須很清楚地知道此次會議的參與者是誰，以及報告真正的重點為何，再針對需求進行輕重緩急的說明程度。

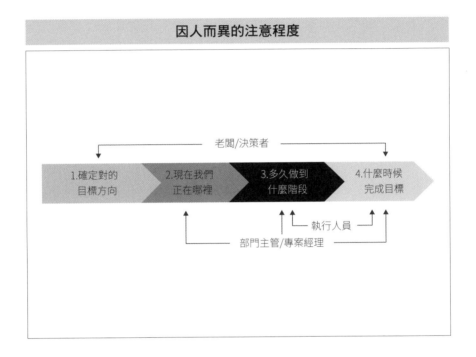

因人而異的注意程度

老闆/決策者

1.確定對的
目標方向

2.現在我們
正在哪裡

3.多久做到
什麼階段

4.什麼時候
完成目標

執行人員

部門主管/專案經理

■ 會議不會減少，但你可以有效地控制它

一場會議要順利，與會者的資訊接收至少要平等。

我們常遇到跨單位部門的會議，每個部門的人員可能對於現況的了解程度完全不同，或是具有決策權的老闆，第一次進來這個會議，對於會議內容的認知可能完全是零，也有可能其他單位的人臨

時來支援，所以報告會議最重要的目標，就是清楚知道為何要召開
這場會議，統籌、溝通與協調彼此的進度與認知，並且讓所有人確
認往同一個方向前進。

　　因此在跨部門且多人的資訊落差之下，我們如何在提案或報
告中，盡力讓所有人的資訊都能保持比較相近的距離，並且隨時掌
控整場會議的步調，實際做法有三：「每一次會議前面都要回顧綱
要」、「隨時讓與會者清楚知道位置」、「內容都是由大到小的視
角」。

一、每一次會議開始前，都要回顧綱要

　　無論是第幾次的提案或報告會議，只要是延續性的專案或會議
主題，以及會議有其他單位的關係人參加，建議在每一次主題開始
之前，都要有一頁的回顧綱要。

　　回顧綱要（Recap），基本上就是快速地歸納上一次的重點結
論，包含專案時程、預算花費狀況、所討論尚未解決的問題或這次
的會議目標與流程等。

　　每一次重複地說明，這會讓所有與會者至少都能在相同的認知
基礎上進行討論，而不會產生因為彼此之間資訊的不對等，問出重
複的問題而浪費會議時間。

　　回顧說明的另一個好處在於，因為**「老闆與眾主管的記憶力，
永遠只會花在他們認為最重要的事情身上」**。

因此千萬不要認為上次已經討論確認過的「結論」，所有人在這次會議中，都能全部記得非常清楚，通常記得最清楚的人，只有負責執行的單位而已，因此不厭其煩地回顧說明是每次會議或二次提案前非常重要的步驟。

二、會議中，隨時讓與會者清楚知道現在的位置

很多時候，儘管與會者都坐在會議室內，但只要提案或報告的時間過於冗長，很多人其實注意力就會分散，突然回神時已經中間空白了一大段，因此要巧妙地控制會議內容，在於隨時都能夠讓所有與會者知道目前的位置。

這個概念就如同逛大型商場時，都會設置所謂的路線地圖，包含顯示你現在在哪個位置、化妝室往哪邊走、逃生出口方向、滅火器位置、品牌櫃位等資訊，視角就如同俯瞰平面圖，目的就是為了讓你清楚知道現在的「位置」。

因此在版面的設計上去增加視覺休息頁、圖示或是口頭段落說明，例如「目前我們已經要開始進入報價的階段，前面的產品資訊有任何問題嗎？」，或「到目前為止，有任何提問嗎？」，都能讓與會者回到相同的進度上。

三、會議的內容，都是由大到小的視角

許多人在報告時，都很習慣只報告目前的「現況」，例如第二

季預算「已花費一百萬元」或產品的「市占率是20%」，這些的確
是結果，但就只是一個數字。

　　如果從決策者層面的閱讀理解上，一百萬元的結果立場基礎太
薄弱，到底目前這一百萬元的預算，是超支或需要再挹注，這樣的
結果就沒有產生清晰的全局概念，因此會議中的所有報告順序或提

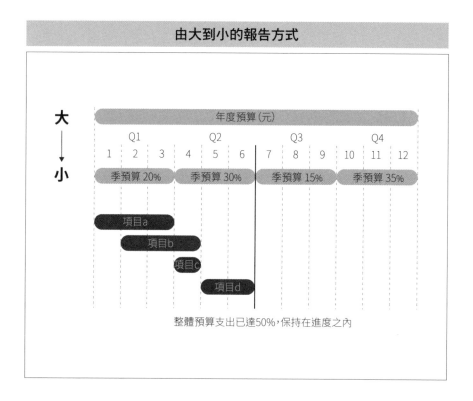

由大到小的報告方式

醒，無論是「預算」、「時程」、「人力」到「內容」，建議都是
「由大到小、由多到少、由淺至深」的說明順序。

　　報告行銷活動使用預算，如果只強調這個月會花費五十萬元
的行銷預算，相對地就會產生「那我們這次整體預算有多少？」、

由多至少的報告方式

預計增加7%
市占率成長

現況　未來

為什麼是7%？
各競品分別幾%?
7%會不會太低？
未來是多久？

現在市占率

20%
7%

其他競品 73%

預計增加7%市占率
每年3%up穩定成長
主要挖奪A競品市場

* 做法a...
* 做法b...
* 做法c...

多 —— 少

「之前每個月平均都花多少預算？」、「目前預算的花費百分比程
度為何？」等問題。

如果改成由大至小的報告方式：我們這次專案全部預算是八百
萬，預計上半季會花費50%預算，目前第一季所有工作項目已花費
一百五十萬元，第二季目前預計會花費二百五十萬元，以總預算來

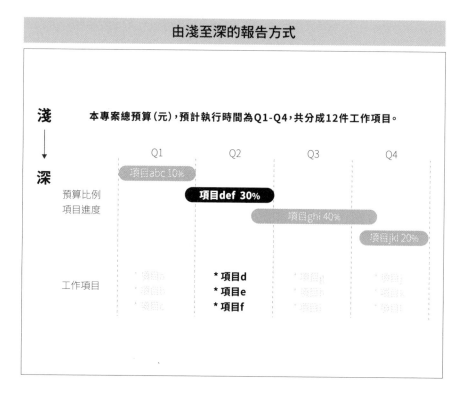

由淺至深的報告方式

說並無超標，用這樣的報告邏輯，對方就會非常清楚整體狀況與現況位置（請參看「由大到小的報告方式」圖）。

　　假設這場會議要談的重點為市場營收提升計畫，目前現況是公司「市占率20%」，如何提升市占率的相關內容報告。既然有了市占率20%的標的，一定會產生出80%市占率為其他競品分佈，如果套用「由多至少」的方式，就是從整個市場占比100%開始，再看20%，這樣就會非常清楚「現況」，然後再由比例談100%中的20%如何提升至27%，就成為一個由多到少的報告順序架構（請參看「由多至少的報告方式」圖）。

　　例如報告內容為專案的預算、時程與工作項目，開頭使用「由淺至深」的方式，就是從年度的預算總額100%、執行總時程與幾項工作項目開始，再來才是報告整年度的分配比例，平均每季切成四部分，再說明本季度已進行至第二季，並預計花費40%的整體預算，這就會非常清楚整個局勢，也才能判斷相關後續的動作，並且讓所有人接收到清晰的資訊，這就是由淺至深的視角思維（請參看「由淺至深的報告方式」圖）。

第 **3** 章

橋樑：縮短認知距離

Close the Gap

如何「簡化」重點的過程
與「使用」準確的視覺呈現

思考製作一份商業提案的內容呈現，
就像為雙方建構起一座溝通的橋樑，橋樑的作用就是「銜接」兩端。
如何透過內容完成中間溝通、傳達與呈現的角色，
也就是縮短雙方認知差異的距離，將彼此的認知斷點填補起來，
讓所有人對於內容都有共同的認知，
這就必須要透過重點思維與視覺呈現的過程來實現。

3.1 ｜ 重點呈現的 第一步： 先確認誰是重點

因應商業環境的快速變動，每日要執行的工作待辦事項很多，自己與對方的時間或耐心不足，變成凡事都希望講求較有效率的方式，我們都希望在極短的時間之內，做最有效的溝通與呈現方式，讓對方一目瞭然，而如何快速呈現重點這件事就成為追求的目標。

關於重點呈現，我發現眾多工作者都會問到以下問題：

「如何簡單地呈現重點。」
「最難的是切入重點，且讓大家明白的簡報。」
「如何統整重點，讓看的人一目瞭然。」

「最難的是一大堆資料抓不到重點。」

「最困難的是重點太多，全放太雜，少放不到位。」

　　無論是對內報告或對外提案，過程中最常遇到的挑戰是必須消化大量的資料、盤整複雜的商業流程內容，或是了解專業領域的艱澀名詞，更令人覺得頭痛的是，常需要在短時間之內，將繁複的資料轉化成「重點」，包括如何統整、說明、濃縮與呈現重點。

　　如何聚焦重點內容的呈現，首要關鍵就在於**「賓主關係」**的思維。

　　我用一個簡單的比喻來說明，「如果一部戲的角色全部都是主角，那就是沒有主角；如果一部戲的角色同一時間出來，那請問誰是主角？」

　　這也是在思考提案或報告中最容易迷失的地方，當你認為**「所有事情都很重要」**，或你根本不清楚**「哪一件事情是重要的」**的時候，你只好一直想趕快講出整件事所有的來龍去脈，中間沒有輕重緩急、沒有先後順序，讓「所有事情都同時出現」，反正全部攤開讓所有人各自理出自己的認知脈絡，這也會造成對方在過程中容易失焦。

　　如果你要描述一件事情的重點或要將一大筆資訊簡化成重點呈現，但你對於如何將重點區分出來，沒有太多頭緒或不知如何開始

的話，我有一個梳理重點公式，可以逐步地讓自己在過程中同時整理與確認重點，就是「先去除不必要的或不會說明的部分，然後再從剩下的部分，分出最重要的與其他」，這中間的過程分成兩個步驟：

第一步：先大膽去除不必要的部分

　　無論是口頭說明重點或是製作商業提案的頁面，每一次、每一頁都一定有它的任務，也就是要傳達現在此刻**「該讓對方知道哪一件事情」**，也就是在這個版面的時刻，你當下要說明最重要的目標為何（例如：這頁就是要點出現在市場所發生的問題，所以市場問題就是這個版面的重點），剩下其他就是輔助重點的配角（證明這個市場問題的資料），其他無關的資訊就先大膽刪除或移至後面的備註資料頁即可。

　　面對一頁空白的頁面時，我們很擅長「加」東西，但面對一頁都是圖片與文字的時候，卻不一定懂得「減」東西。

　　我曾經在一場商業提案的會議中，看見提案廠商在每一頁版面的右下角，都放入一個很大的「比讚」手指圖片，提案結束後我好奇問提案廠商：

　　我：「為何在版面上要放這張圖片？是有什麼特別意義嗎？」
　　對方：「因為我怕版面太單調，於是就選了一張圖放在右下

角，讓整張頁面比較好看。」

　　或許對方認為這樣的圖片無關緊要，也不會影響到商業提案的結果，還可以讓整個版面更好看，但對於重點呈現的概念來說，我認為只要是混淆視覺的元素或沒有要說明的部分，其實都是「干擾」，因為你永遠不知道每個人的注意力會擺在哪。

　　職場上常說「說出來的就不是祕密」，所以如果是祕密就不需要說出來。版面也是，不需要讓對方看到多餘的物件，寧可就把它去除掉，如果留著，你就要能夠把握你解釋得出來與為何要留下的理由。

　　每一份商業提案的每一頁、每一頁出現的每一個元素，都應該要有存在的必要性與緣由，無論是背景圖片、線條或箭頭，它的出現可能是用來呼應首頁標題、提供選擇的動機或引導動線等，所以如果頁面中有你講不出所以然的元素時，那就代表它只會混淆與削弱重點，這些就大膽刪除它吧。

第二步：再區分出清晰的主角與配角

　　當已經把版面上不需要的元素移除之後，再來就是要確認「清晰的主角」是誰（無論你認為主角是一張圖片、一段文字或一個數字），把它的目標定位確認出來後，再依序盤點需要出現的所有配角（說明文字、圖表證據），自然就會清楚明白主角與配角是誰。

　　至於如何讓某個元素變成清晰的主角感，因為人的第一眼會習慣先觀看「最顯目、最巨大、最有變化」的目標，所以可以透過彩色與灰階、亮色與暗底、清晰與模糊、占比尺寸與距離來突顯重要性的視覺差異，這也是後續章節會探討的內容。

　　透過以上兩個步驟，可以讓自己快速區分重點為何，以及釐清到底哪一個才是重點，請謹記在商業提案中，**「當你什麼都想講，就等於你什麼都沒講」**。

▓ 商業提案的開頭就是「前面就要講重點」

　　賓主關係，不只適用在單頁版面上，一份商業提案的所有頁面都有各自的賓主關係，主角頁有主角該表現的地方、配角頁也有配角該使力的地方，每個頁面都應該擁有自己的角色、功能與價值，所以在一份商業提案內，有一個非常重要的隱形公式：**「前面就要講重點，中間就要有驗證，後面就要給動機」**。

　　對於每一場商業提案，彼此時間都是很寶貴的，對於客戶或老闆而言，每天的時間與精力都是非常有限的。

　　他們幾乎不會有太多耐性聽完一個完整故事，一場商業提案短則約十分鐘，長則約三十至六十分鐘左右，能夠簡短、重點且有效率地完成說明，是每一個提案者或報告者，都要放在心上的道理

（仔細思考你與對方出動了多少人力參加這場會議，包含前期製作資料的時間與人力成本換算出來，你會發現一場商業提案的成本比你想像中的更高）。

所以通常在提案策略設定上，初始在簡報前三頁或報告前三段，就應該呈現出此次的核心重點，也就是預告整份商業提案的重心為何。

我曾經參加過一場商業提案現場，是關於談展場的內容設計提案，但在提案簡報前十頁說完之後，設計者還在鋪陳展場背後的設計概念故事，結果中途就被老闆直接打斷問：「所以你設計的重點是什麼？」的窘境。

設計概念的故事的確重要，但那應該要被濃縮，因為整場商業提案的重點，不只是設計概念這件事，而是這個設計之後所帶來的效益與視覺感受所帶來的驚喜。

開頭破題的重點，就如同一部影集第一集的前幾個畫面，畫面的呈現與張力就成為整部劇是否值得追下去的關鍵因素。

《晨間直播秀》（The Morning Show），是我喜歡的影集之一。第一集開頭的主題為「In the dark Night of the Soul. It's Always 3:30 in the Morning」。

透過一個具衝擊性的事件當成開頭並呼應主題，帶著受眾進入主角心境開始，然後在數十分鐘時間之內，把內憂與外患的問題浮上檯

面，等於把「起」、「承」都先交代清楚，並且這中間是透過「人」在心境上與情緒上的變化串起整部情節，你會繼續想看下去。

開頭透過特殊的視覺手法，也會讓你非常有感，如同在《紙牌屋》（House of Cards）第一集，Frank Underwood（凱文·史貝西所飾演）在自家前用第一人稱與半旁白視角共同串聯整部戲劇的風格，產生具衝擊性與想像力的視覺手法，讓觀看者開始會有接下來到底會有哪些發展的期待。

在開頭展現出核心重點之後，接下來就要展現出驗證，這個驗證包含過往的商業經驗，你們具備哪些能耐能夠完成這次目標，以及公司與團隊的差異等，這一連串的過程都是為了接續開頭的重點與作為交付後面動機的策略流程。

■ 商業提案的結尾就是「後面就要給動機」

商業提案中，最容易也最常被忽略的就是「末頁」，我們很常看到提案末頁的內容會出現「Thank you」或「感謝您的聆聽」這種結尾，但這種結尾方式，除了告訴對方提案已經結束的訊息之外，幾乎沒有任何其他功用。

所以，**「商業提案的最後一頁，千萬不要浪費」**。

既然一份商業提案已經花了許多時間去佈局、思考策略與設計，在最後一頁放掉就稍嫌可惜，這就像是一部好的電影在結局之

後，開始播放黑底白字的名單，這時候大家都知道要結束，但卻很少有人會繼續專注在上面，因此在最後一頁的內容，如何延續內容的節奏強度，可以加入幾種做法：

一、放上一個引導「思考」或「動作」的標的

如何在最後再次喚起對方的記憶與印象，在最後一頁的內容上，可直接放上此次提案的核心重點或是以呼應標題的方式呈現。

例如：你這份商業提案目的，是為了讓更多人記得環保的重要性，最後結尾頁就可以放上「所以你還想要繼續浪費塑膠袋嗎？」，再次縮短環保與受眾的距離，以及回放主題的理念認知。

如果是對外演講的最後一頁，多數都會使用謝謝聆聽的結尾，然後等待台下的受眾，主動來跟你交換聯絡資訊，這樣通常都不會有太多效果。但如果在最後的頁面，放上個人資訊或問卷網址的連結二維條碼（例如QR Code），讓受眾可以在結束的時候掃描連結或間接提示受眾，利用這些細節技巧，讓受眾更能「主動地」做出動作，讓最後一頁發揮它應有的功效。

對內面對老闆或主管更是這樣，平常報告會議上，幾乎不會需要最後的結尾頁。

但如果你這份提案或報告上所設定的目標，是希望老闆能選擇方案，那就在最後一頁再次呈現出方案比較，讓老闆與主管在最後「被半強迫地」一一檢視選擇方案的比較重點，因為你提案的目的

就是推動與引導對方達成你所設定的目標，而這樣的方式對於提案或報告都會有正向助益。

二、置入一個「彩蛋」

　　這裡的彩蛋，絕對不是指突然跳出閃光動畫、放入鼓掌音效、突然旋轉出現一個文不對題的圖片，而是針對商業提案所設定的目標，在最後的時間點給對方一個重擊（Punch）。

　　這個「重擊」可能是希望讓客戶最後產生一個強烈的關鍵印象，例如呈現出銷售最後的折價空間，在銷售提案的最後一頁告訴客戶：「只有今天訂購或簽約服務，免費再加贈一年」，有點像是促成銷售的最後一個動能，前面可能已經說明了優惠，再一次促購的概念。

　　我依稀記得在某集的《歐普拉秀》（The Oprah Winfrey Show），最經典的節目彩蛋莫過於「You get a car! You get a car! Everybody gets a car!」的橋段。

　　那次節目中，每一位現場觀眾都收到一個用紅色蝴蝶結的小禮物盒，規則是現場誰的小禮物盒裡面有鑰匙，就代表他可以獲得一台 Pontiac G6車款。但最後一打開時，現場所有人的盒子都有一支鑰匙，也就是代表歐普拉送給現場所有觀眾每人一台 Pontiac G6，然後歐普拉在現場呼喊著「You get a car! You get a car! Everybody gets a car!」，這就是一個彩蛋的經典橋段。

　　但並不是說在每場重要提案的時候，都需要砸下重金來鋪陳這樣的彩蛋橋段，彩蛋並不一定適用於所有提案場合，但有時候透過彩蛋細節橋段，能夠為重要的客戶建立起良好印象的橋樑。

3.2 | 如何轉化 繁複文字 成為重點

　　職場上，我們很常聽到這樣的對話（尤其是下對上報告的時候），員工想要一次描述事件所有的來龍去脈，深怕老闆或主管會漏聽任何一個細節，但在一連串的解釋之後，卻只聽到老闆或主管不耐煩地說：「講重點」或「所以重點是什麼」。

　　如果你接到老闆或主管交付整理資料的任務之後，過程中因為遇到問題而無法如期完成的時候，許多人在報告或回答問題時，習慣性會先隱藏問題或把整段故事流程一次講完，深怕老闆或主管會怪罪或漏掉中途個人所做的努力，想要強調沒有功勞也有苦勞的溝通方式，但實際上老闆或主管真正在意的只有最後的結論，以及問

題發生後該如何補救的辦法。

關於商業提案中的「重點」，我們最常遇到的困難就是如何將一大段資料消化後整理成重點、將一大段文章進行簡化與條列、從很多文字中讀出重要的資訊或呈現出文字的重點，因此如何整理文字並形成結構，就變成非常重要的功課。

我們常常遇到「資料很多要如何濃縮成簡報，又要讓人看得舒服」、「最難的就是如何讓複雜的文字，用簡單的文字呈現」、「最難的是該怎麼濃縮文字」，而最終目的都是希望對方能夠透過重點呈現的方式一目瞭然，更痛苦的是，自己也沒太多時間閱讀消化。

我們在各種會議簡報、成果報告或工作進度說明，最常看到的頁面呈現方式，就是直接從Word檔案貼上一段文字到簡報上，然後照著念出來，或是習慣性的把 Excel表格直接貼到簡報頁面上，然後就用這張密密麻麻的表格說明所有重點，以上這些對於製作者來說，應該是最方便且容易的方式，但對於聽者或受眾而言，是非常疲累且痛苦的事情。

那麼該如何快速地將一段大量的文字或口語內容，進行濃縮與重點簡化？

我觀察許多優秀工作者或商業分析顧問，他們總是能夠快速消化大量的文字與數據資料，並且使用重點彙整與條列項目的方式呈

現，讓聽者能夠在很短的時間內瞭解整個脈絡，這其中有三個重要的關鍵步驟，說明如下：

首先，每一段文字、每一段溝通、每一篇資料，都各自有內容架構的先後順序，內容都會有起承轉合，詞句都有相關的邏輯連貫起來，因此只要能夠逐步地找出其中規則，就能整理出來，其中只要依序使用「區塊分類、細項條列、前後順序」三個步驟，就能快速將文字統整成為重點。

我用一個簡單的案例，來說明以上的步驟：

現在有一群人站在一起，有男，有女，有各種年齡層，有高矮之分，但我們要如何有規則的排列並整理出其中脈絡，讓所有人都能一目瞭然看清楚這一群人的組成？

一、我們通常會先找出大致分類的依據，例如我們看到這群人，第一眼可能會先用「性別」來分類，先將男性與女性分成兩個部分（區塊），這樣至少能夠先理出第一道規則。

二、再來分別從這兩個部分觀察各自的差異（細項），例如可以使用「身高」或「年齡」進行各自區塊內細項的排列，如果我們再用「身高」來做細項排列，在男性的這群人裡面，共有幾種不同的身高範圍、在女性這群人裡面，也有幾個不同的身高排列。

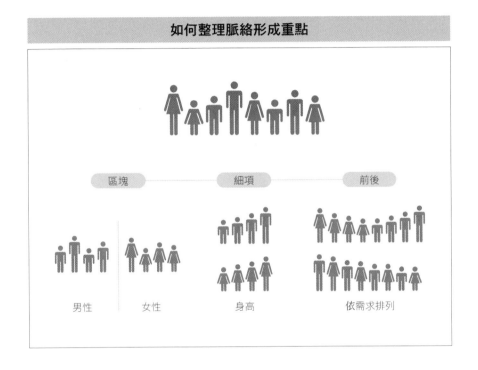

如何整理脈絡形成重點

區塊　　　　細項　　　　前後

男性　女性　　　身高　　　依需求排列

三、最後理出各自的區塊與項次脈絡之後，再依照如何一目瞭
　　然的需求來調整所有人位置的順序（前後），例如讓高的
　　人往後排，矮的人往前排，或是高的在旁邊、矮的在中間
　　等的方式來排列。

　　透過以上的邏輯步驟，自然就能將當初看起來毫無規則的一群

人，拆解成具有邏輯構面的組成方式（性別>身高>左右），讓任何人一次就能看清楚這群人的組成。

如果實際套用在商業提案的情境，如何梳理一大段的口語或文字資料，轉換成具有邏輯架構的重點內容呢？以下舉例說明。

星期三下午，總經理請我進去辦公室：

「 我需要一份簡報資料，是星期五要報告給老闆聽的，主要講A產品七月的月營收目標是五百五十萬，然後從今年一月到三月為止，平均都是三百八十萬左右，但是從四月到六月現在，我們已經達到了平均四百四十萬的水平，這次會議老闆主要是想聽自這個月四百四十萬之後，怎麼樣達到每月五百五十萬的做法與方向。我們的做法是A、B、C三個方案，但我也想先提一下，我們是怎麼從三百八十萬提升到四百四十萬的這段過程，因為如果沒有先前的努力，現在也達不到這個目標數字，我跟你說一下前期我們是做了A1、A2兩件事，所以整體大概是這樣⋯⋯」

當下聽完後，你腦中已經有將口語轉換成重點架構了嗎？

如果有的話，代表你已經具備快速且清晰的邏輯與重點整理經驗，但如果瞬間腦中空白也沒關係，我會使用「區塊、細項、前後」三個步驟，逐步地將這段口語內容轉換成為重點呈現，如何先把這段文字內容進行區塊分類，再從區塊中條列重點項目，最後依

將繁複文字結構拆解

我需要一份簡報資料，是星期五要報告給老闆聽的，主要講A產品7月的月營收目標是
550萬，然後從今年1月到3月為止，平均都是380萬左右，但是從4月到6月現在，我們已
經達到了平均440萬的水平，這次會議老闆主要是想聽自這個月440萬之後，怎麼樣達
到每月550萬的做法與方向。我們的做法是A、B、C三個方案，但我也想先提一下，我們是
怎麼從380萬提升到440萬的這段過程，因為如果沒有先前的努力，現在也達不到這個
目標數字，我跟你說一下前期我們是做了A1、A2兩件事，所以整體大概是這樣……

區塊	細項	前後
日期 1月到3月、4月到6月、7月	1月到3月 平均380萬營收	主要目標： 老闆主要是要聽從這個月 440萬之後，怎麼樣達到每 月550萬的做法與方向
營收 380萬、440萬、550萬	4月到6月 平均440萬營收 A1、A2兩件事	
執行 A、B、C方案、A1、A2	7月營收目標 550萬營收 A、B、C三個方案	次要目標： 表現出怎麼從380萬提升 到440萬的過程

據實際需求，決定說明的先後順序，讓你清楚知道該如何進行。

一、初步分類出構面區域（區塊）

區塊可使用各種構面來分類，依據內容，使用時間、金額或其

他容易辨認的構面，讓自己能快速將內容進行分類。

　　我們平常在說話或閱讀都會有順序，但不一定會有「正確」的順序。但就算沒有正確順序，我們依舊能聽懂，例如打電話找朋友：

　　「我現在工作剛結束，現在真的蠻餓的，現在十點五十分，不然我們約三十分鐘之後直接選一間餐廳見，吃熱炒店好嗎？還是麻辣鍋？但我怕麻辣鍋人多訂不到位，不然還是約在之前的那間熱炒店好了，我大概十五分鐘後出發，大概十一點半到喔，待會見。」

　　整段內容，重點就是「與朋友約十一點半在熱炒店吃飯」，口語這樣說我們都會聽懂，但是如果需要在頁面上呈現具有邏輯架構的重點，就無法使用像口語這樣的順序，因為那樣說就會造成混淆。

　　所以我們從上面的文字中，發現其中有幾個相似的元素，首要就是先快速分辨出分類的基準，大概去拆解其中的語意架構。

- 「日期」：從今年一月到三月為止、從四月到六月現在、七月。
- 「營收」：平均都是三百八十萬左右、從三百八十萬提升到四百四十萬、從這個月四百四十萬之後，怎麼樣達到每月五百五十萬。
- 「執行」：前期做了A1、A2兩件事、做法是A、B、C三個方案。

二、再來條列出細項架構（細項）

　　細項則是在這樣的分類之下，能夠找出內容的關鍵字或關鍵重點，讓對方只要讀到這些細項，就能瞭解整段文字的含義。

　　當我們大致理解分類基準，將贅字去除與確認三個區塊構面之後，再從各個區塊中，分別條列出關鍵字（留下最重要的內容），也就是列出從日期、營收、執行的項目，梳理整體的重點結構。

- 一月到三月：平均三百八十萬營收。
- 四月到六月：平均四百四十萬營收，A1、A2兩件事。
- 七月目標：五百五十萬營收，A、B、C三個方案。

三、最後調整出先後順序（前後）

　　前後就是要說明給對方所使用的邏輯架構，依照情境需求去調整適合的說明順序，在這個階段，我認為是「**沒有最正確的答案，只有最適合的答案**」。

　　當我們已經確認手上現有的資料與條件之後，就能開始思考依據對方的需求，調整最適合的說明順序與重點呈現的方式。

- 主要目標：老闆主要是想聽從這個月四百四十萬之後，怎麼樣達到每月五百五十萬的做法與方向。
- 次要目標：我們怎麼從三百八十萬提升到四百四十萬的這段

過程，因為如果沒有先前的努力，現在也達不到這個目標數字。

將提案的重點文字濃縮與順序調整之後，消化完成整段文字的重點架構就是：

「主要說明達成五百五十萬目標的A、B、C三個方案，讓老闆在星期五的會議上確認方案，但也需要快速提及執行了A1、A2兩件事的戰績（為何營收能從平均三百八十萬提升至四百四十萬）。」

讓我們再回到原來的口語段落與透過三個步驟濃縮後的重點文字比較，感受到兩者文字濃縮前後的差異嗎？

透過「區塊、細項與前後」的拆解步驟，就是如何快速將文字濃縮成重點的方式。

■ 如何將重點結構視覺化呈現

溝通是一個雙向或多向的事情，就是談人與人之間的交流，所以我們很需要透過口語去找到重點，尤其是在一份商業提案內容的前期思考，如何讀出對方的口語意涵，並透過結構化的說明呈現，再次與對方確認是否為這樣的意思，就能快速讓雙方的溝通上有更

好的效率。

在製作商業提案或收到簡報製作需求的時候，我通常都是聽完對方口述表達後，腦中就會開始思考之後的資料呈現，並且現場就能立即將口述重點快速視覺化來討論，這樣的能力更是一項優勢價值。

我為集團CEO、高階主管或總經理擔任簡報幕僚的經驗中，無論從製作對外的國際論壇演講、千人的大型演講場合、企業內訓邀請或線上演講的簡報內容，到對內進行主管對老闆、對股東、對投資人或對國際級客戶的提案說明，通常在初次討論（接收對方的想法）現場，我就會在對方講完之後，短時間內快速畫出或寫出結構頁面說明，如果可以現場馬上與對方進行對焦，這樣的優勢好處是什麼？

一、盡量降低雙方的溝通謬誤

人與人的口述溝通表達上，往往同樣的字句，聽在不同的人的耳中，意義可能完全不同。

尤其在職場上面對客戶，誤解一個意思所造成後面的錯誤，可能就會讓整場提案失敗，因此在有限的時間內「盡快再次溝通對焦」是很重要的步驟，如果老闆或主管當場時間不夠或要趕去開會，我通常就會在當天下班前討論或利用通訊軟體進行溝通，目的就是降低前期的溝通謬誤。

二、加強後續製作的效率產值

　　在短短的幾分鐘內，將對方所需的提案內容架構再次說明，除了能夠確認你是否真正了解對方想表達的目的之外，更能讓後續製作更加具有效率，因為當你與對方確認整份結構綱要與每頁的主題之後，如果頁面中有缺失的資料，就能夠較精準地去獲取所需資料，而不是像無頭蒼蠅一般，把所有資料都拿到手後才開始消化，因此這樣的步驟，都能增進在後續頁面製作上的效率與產值。

　　我使用同樣的章節案例作為說明，當對方口述想表達的重點之後，我們利用「區塊、細項、前後」的方式，將內容文字重點化，再來就要將統整出來的文字內容，轉化成為視覺化的頁面，讓對方更能感受到內容頁面的邏輯、架構與順序。

　　原來的口述：

　　「我需要一份簡報資料，是星期五要報告給老闆聽的，主要講A產品七月的月營收目標是五百五十萬，然後從今年一月到三月為止，平均都是三百八十萬左右，但是從四月到六月現在，我們已經達到了平均四百四十萬的水平，這次會議老闆主要是想聽自這個月四百四十萬之後，怎麼樣達到每月五百五十萬的做法與方向。我們的做法是A、B、C三個方案，但我也想先提一下，我們是怎麼從三百八十萬提升到四百四十萬的這段過程，因為如果沒有先前的努力，現在也達不到這個目標數字，我跟你說一下前期我們是做了

A1、A2兩件事，所以整體大概是這樣⋯⋯」

　　將重點結構化的文字內容：

　　「主要說明達成五百五十萬目標的A、B、C三個方案，讓老闆在星期五的會議上確認方案，但也需要快速說明因為執行了A1、A2兩件事的戰績（為何營收能從平均三百八十萬提升至四百四十萬）。」

　　而在將重點視覺化的討論過程中，我自己幾乎都是使用一張A4紙或一塊白板來呈現所有的邏輯架構。

　　一張A4大小，幾乎就可以簡單又快速地討論出任何主題的整體架構與頁面邏輯，使用一張A4頁面的好處，除了能夠讓雙方都能快速聚焦重點之外，也無法讓你或對方一直新增更多的資料頁，這樣就能更快速在重點目標與主題上做決策。

　　這個概念就如同淺田卓先生在《在TOYOTA學到的只要「紙1張」的整理技術》中所提到彙整成「紙一張文件」，製作文件的時間將會大幅減少，而且傳達的時間也會縮短的概念。

　　一張A4紙，可以放入六至八格的框格頁面（橫式或直式差異），幾乎可以用來快速討論所有題目的邏輯架構與主題內容。

　　在目前已知的條件下，我們清楚確認這份簡報的主軸重點：

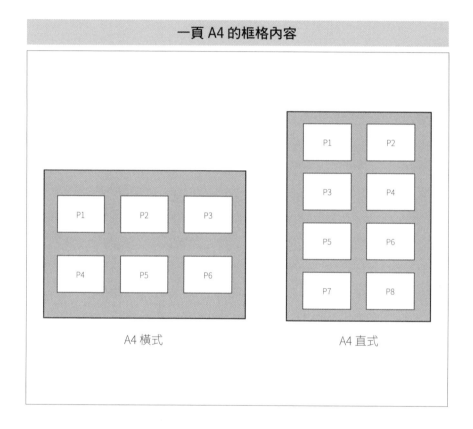

一頁 A4 的框格內容

A4 橫式　　　　　　　　　　　A4 直式

　　「主要說明達成五百五十萬目標的A、B、C三個方案，讓老闆在星期五的會議上確認方案，但也需要快速說明因為執行了A1、A2兩件事的戰績（為何營收能從平均三百八十萬提升至四百四十萬）。」

因為只有六至八格內的限制，就要清楚涵蓋所有要說明的重點，但我們初步至少可以先確認需要放入與必要出現的資料頁：

①從三百八十萬、四百四十萬到五百五十萬的營收目標圖表資料。

②整理A、B、C三個執行方案的比較資料，作為選擇方案的

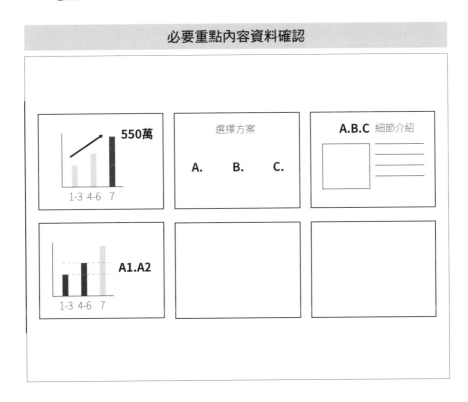

必要重點內容資料確認

　　依據。

③目前A、B、C三個執行方案的內容資料。

④過往A1、A2兩件事的戰績資料。

　　我們先將必要的資料頁面確認後，再來就可以調整適時加入過場頁和調整說明的順序，透過核心主軸需求，重新調整內容頁面的順序，說明如下：

①第一格：說明從三百八十萬、四百四十萬至五百五十萬的目標，讓老闆看到整體營收提升的趨勢圖表。

②第二格：快速展示從三百八十萬至四百四十萬的A1、A2的戰績，確保展示出主管想說明的內容。

③第三格：進入從四百四十萬至五百五十萬的目標正題，預計會有A、B、C三種具有可執行性之方案概略介紹。

④第四格：快速說明A、B、C三種方案在成本、成效與時程的比較。

⑤第五格：如時間可行，分別說明在三種執行方案的細節（如沒時間則可跳過此部分）。

⑥第六格：最後在三種方案的頁面停留作為結尾，提供主管的老闆做決策討論。

　　運用這樣一張A4紙的頁面邏輯與結構說明，讓你的老闆或主管

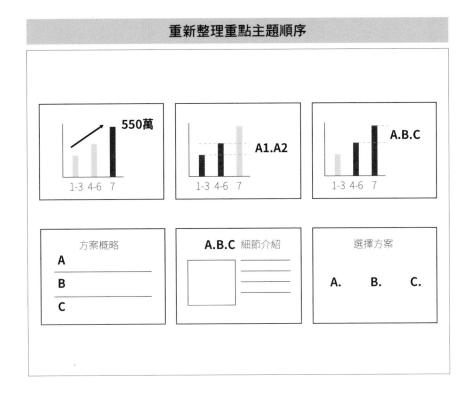

透過這樣的簡易視覺化過程，再次確認關鍵重點的呈現方式與說明順序是否符合他的邏輯，對於未來的溝通將更加順暢。

3.3 | 數字是所有提案 都避不掉的元素

　　身為經營者、創業者、團隊主管、業務、行銷或專案執行者，「數字」是永遠避不掉的課題。

　　但你會發現，費盡千辛萬苦整理出一個數字的結論之後，老闆或客戶在聆聽完後好像依舊無感，這其中的原因為何？

　　「因為一個數字就是一個數字，如果數字有比較基準與目的，這個數字才會有意義。」

　　比較的基準概念就像是之前與之後（Before & After）、整理

前與整理後、整形前或整形後的廣告，當放入比較的基準之後，聽眾的心中自然就會產生一個天秤，在這樣的衡量基準之下，自然就能辨別出差異。

以前你在閱讀完或搜尋多個數據或市場分析資料之後，最後會提出「數字」作為結論，但通常這樣的數字只是一個「結果」，而且只有你知道其中的過程，因此只知道結果並沒有太多作用，有時候還需要增加「刺激」，就是加上一個基礎數值或可參考的數值，例如過去同期平均單價、年度走勢圖，讓對方知道這個數據的位置在哪裡。我舉以下的案例做說明：

一、產品市占率成長「5%」。
二、總營收達「三千萬」。
三、產品物料成本下降「1.82%」。

如果在報告中單看以上三個這樣的結論數字，請問你覺得這幾個數字表現如何？你可能不清楚到底是好或不好？是高或低？是成長或退步？假設身為主管的你，看到下屬呈現這樣的結果，是該鼓勵還是責備？

除非你所報告的對象，本身對於整個業界、現有市場指標與數字標準已經具有相當的敏感度，不然單看到一個數字，其實是不太清楚或稍微模糊的感覺。

而當對方內心出現問號時，好一點的情況是對方可能會問其他問題來佐證，例如其他品牌的同期市占率、去年的營收比較、業績下降的時間軸等提示，但如果對方是屬於稍不具耐心或邏輯延伸性很強的決策者，可能就會直接認為這個數據結果的說服力不足。

但如果換個方式，把數字加入「比較的基準」，讓同樣的結果變成另一種表達方式：

一、本月產品市占率成長「5%」，但同期競爭品牌卻下降了1%。

二、總營收達「三千萬元」，較去年同期成長六百萬元，年度營收創新高。

三、產品物料成本下降「1.82%」，讓產品生產成本省下六千萬，而且是在三個月內就完成。

有感覺其中的差異嗎？

當把比較值放入後，感受重點就在「與競爭品牌的差距拉大，我們目前在這個區塊，競爭者在下面那個區塊」、「同期至少成長了20%的營收，而且是創新高的成績」、「實際的生產成本竟然在三個月內就省下六千萬，而不是只能大概感覺的1.82%」，但其實兩者結論數字是完全相同，只是呈現方式不同而已。

所以當你嘗試要把數字呈現重點出來，找出關鍵目標後加入

「比較基準」，你會發現瞬間就能讓重點數字突顯，也就是在提案簡報或資料呈現上快速「讓數字有感」的方式。

■ 數字是有方向性的指引

我們分析數字，主要目的就是透過數字，找出因應對策或決策未來的行動方向。報表內數字的功能，就是呈現一件事情的結論，而數字通常會出現幾種衡量指標的方向，最常遇到的幾乎都是「越高越好」、「越低越好」、「越多越好」、「越少越好」、「越接近目標越好」這幾種指標。

　　・什麼數字需要越高越好？
　　營收、會員數、轉換率、互動率……
　　・什麼數字需要越低越好？
　　成本、製造生產耗損率、跳出率……
　　・什麼數字需要越多越好？
　　消費次數、來客數、觸及數、新使用者……
　　・什麼數字需要越少越好？
　　抱怨客訴次數、QA品質控管……
　　・什麼數字需要越接近目標越好？
　　人力產值、專案時程、活動成效……

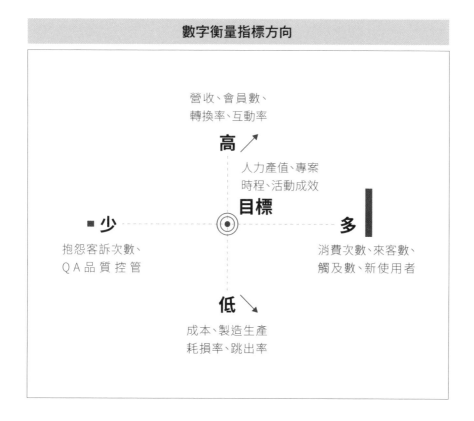

數字衡量指標方向

營收、會員數、
轉換率、互動率

高 ↗

人力產值、專案
時程、活動成效

目標

少　　　　　　　　　　　　　**多**

抱怨客訴次數、　　　　　　　消費次數、來客數、
ＱＡ品質控管　　　　　　　　觸及數、新使用者

低 ↘

成本、製造生產
耗損率、跳出率

　　　當你瞭解手上數字資料結果是反向趨勢（營收數字結果與目標有所偏離）的時候，要著重的重點，就會變成是報表數字之後的解決方案，也就是「如何銜接中間的斷差」，利用報表數字來幫助你解釋後續執行的合理性，你必須帶入一些「方向感」給對方，舉例

如下：

「看到這個結論，顯示我們主力產品目前銷售正在以預計每月下降3〜5%營業額的趨勢，因此針對未來幾季預期的衰退狀況，我們提出三個關於銷售的提升方案。」

「由這張圖表數值顯示，我們看到了近年家庭人口趨勢漸趨減少，預期以二至三人為主要家庭組成人數，因此建議在未來三年內，應該重新調整溝通方向，針對小家庭客群的訴求，我們有以下三個溝通方式。」

透過前面報表數字的鋪陳，再接著提出方向感的實證與建議，這樣陳述方式的好處在於，當你準備的資料或簡報內容，已經能夠支撐論點與具有所設定的順序和方向，你會講得更輕鬆，對於報告容易緊張的人，這更是一個好的方式，無論中間有突發狀況或內心慌亂，只要按照所鋪陳的邏輯順序與方向依序說明，至少都能維持水準之上。

所以只要是面對數字，最終的目標都是希望讓對方從報表數字中獲得**「有用的資訊」**，這點是毋庸置疑的。

■ 圖表選擇很多，呈現出你要講的重點就好

關於圖表製作，有非常多的書籍與關鍵字可參考查詢，例如圖表（Chart）、資訊圖表（Infographic）、資料視覺化（Data visualization）等。之所以會需要使用圖表來說明文字與表達，通常都代表著內容具有一定程度的複雜度與資料量，並且適用於無法短時間內一次閱讀完的內容。

前面章節有提到，「如何在極短的時間內，用簡單的呈現說明，讓對方一目瞭然，這就是重點呈現的目的」。但最困難的是將繁多的數字簡化為圖表，或是選擇適合的圖表來表達想法，因為關於圖表的選擇相當多元，每種圖表都有它的功能、特性與呈現方式。

面對密密麻麻的數字，到底該怎麼把這些數字轉換成適合的圖表呈現？的確用圖表可以解釋說明一大串的數字內容，但如何選擇正確的圖表來表達，有二個步驟方式提供參考：

一、務必先確認目標與感受設定

無論是選擇圖表或製作圖表之前，第一件事務必確認的是：

「你想要引導對方看到什麼數字與產生什麼感受？」

一堆數字中，一定有幾個重要的數字，它可能是代表「結果」的數字（SUM）、能展現成效的關鍵數字，或你特別想標註說明的

數字。

　　業績「提升」的數字，也就是展現出個人價值的能力，例如今年比去年成長的亮點，你必須先確定要展現出來的數字為何，以及你需要它為對方帶來的感受為何。

　　這也就代表著你要先確認自己真正要講的重點是什麼，才能決定選擇什麼圖表。很多人常常「為了圖表而圖表」，覺得使用圖表來表現數字感覺比較厲害，但相對地，如果選錯圖表來呈現，就很容易引導出錯誤的感受，反而曝露出缺點。

　　例如，只要談到數字比例的呈現，通常第一個直覺會使用圓餅圖。如果有連續多個品項的比例，就會製作出兩個切得很碎的圓餅圖相互比較。但這樣反而會讓對方看得很累，也無法一目瞭然地看出重點。

　　如果是表現不同個體的單一範圍的比例，圓餅圖（或甜甜圈圖）是可行的圖表。但如果今天的目標感受是在「比較」，並且讓對方能夠一眼就看出比較的差異，兩個圓餅圖就得做來回兩邊的比較，如果比較構面只有一至四個以內，可能還可以使用，但如果圓餅圖內超過五個以上的比例分佈時，在視覺上就無法有效地立即有感。

　　因為圖表的重點不是在「比例呈現」，而是在「比例之間的比較」，所以使用哪種圖表才能迅速看出比較的感受，或許選擇比例長條圖，兩者之間的整體範圍、個別占比就能一目瞭然。你就會發

數字占比感受比較

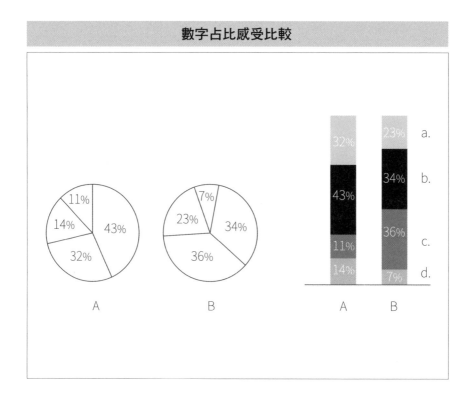

現比例長條圖才是能快速看出「比較兩種物件以上比例」的最佳適
用圖表。

二、抓出現有構面，再找出適合圖表

　　當你已經確認要呈現的數字與目的感受，再來我們需要確認數

字中所擁有的「構面」，才有辦法透由圖表引導出某些「結論」或
「方向」。像是本月較去年同一個月營收更好、目前公司產品類別
占比進行優化、今年主力產品的銷售比例都有逐步地提高等，我們
都是要藉由比例，引導對於商業版圖的思考。

例　如

以下報表為業務貢獻產值表，縱軸是業務同仁，橫軸則是目
前經營客戶數、貢獻營收總額、各月份的業績、案件利潤占
比等數據。

人員	經營客戶數	月份平均業績	高利潤客戶占比	貢獻營收總額
業務A	120	2,300,000	50%	270,000,000
業務B	95	2,100,000	75%	230,000,000

　　如果今天在圖表中想表現的是，A業務營收貢獻高、B業務營收
貢獻較低，數字著重在貢獻營收總額，只有兩個數字的高低之分，
選擇使用一般長條圖，就會引導對方的感受是A業務營收貢獻贏過B
業務。

　　可是當你要談的重點，其實是B業務對於公司更有價值，那就
透過客戶與案例利潤占比資料，把總營收進行拆解，我們有幾項重

要的「比例」的比較，所以使用堆疊長條圖（或圓餅圖），展現出
雖然A業務的業績贏過B業務，但其實A業務高利潤客戶占比只有
50%，B業務高利潤客戶占比則高達75%，圖示就可以發現，其實B
業務的實際貢獻產值可能高於A業務。

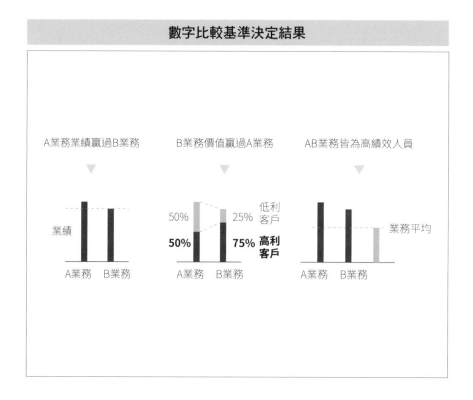

數字比較基準決定結果

　　但如果是要向老闆說明A業務、B業務都很優秀，是值得公司栽培與獎勵的對象，而且實際上都在公司業務中占有一席之地，那就畫一條全部業務營收平均線的長條圖，就會引導出A業務、B業務兩人營收都在平均線之上的感受。

　　使用不同的圖表與呈現的重點差異，就會產生完全不同的感受，但並不是讓你利用圖表去製作假資料，因為假資料就跟謊言一樣，說了一個謊，就要用另一個謊來圓。資料也是，當你呈現了一個假資料，就必須用另一個假資料來掩蓋這個假資料。

　　當你要表達的重點不同時，儘管原始資料是一樣的、數字都是來自同一份報表，只要隨著你所選擇的目的與感受設定不同，圖表選擇與呈現就會有所不同，所以在選擇使用圖表之前，一定要針對手上的資料，思考希望給對方讀出來的重點，以及裡面有哪些構面可以突顯重點，最後才選擇適合的圖表來使用。

3.4 | 如果數據沒有比較與引導，它就只是一個無意義的數據

談到報表數據，大概是最常讓人頭痛的問題之一。

可能是長久以來，對於報表數據充滿恐懼、覺得自己數學不好、每次看到許多數字就手足無措，不知道該從何下手、每次說明數據報表的時候，怎麼都跟老闆、主管或對象想要看的差異很大，導致最後乾脆直接複製、貼上整張報表數據到簡報上，或是直接印出 Excel報表發給會議與會者，反正最後看大家提出什麼問題，再直接用說明的方式就好，但這樣真的是適合報表數據的報告方法嗎？

　　報表數據，通常使用在關於營收、成本、人力、實驗測試數據或某個事件的變化狀況，例如年度業績報告、季度銷售數據、產品成本清單、數位廣告投放成效、年度預算分配、人力貢獻產值或其他數值比較等，報表數據的結果呈現，就會成為衡量的績效指標與改進方向的重要指引。

　　讓我們重新思考，對於正在想著怎麼說明報表數據的你而言，第一個要思考的問題：

「你需要這份報表數據，來幫助你表達什麼事或完成什麼任務？」

　　這是在拿到一份數據或閱讀完報表數據之後，你應該最優先思考的事。

　　我常會用導遊的概念來解釋如何介紹報表數據的概念。

　　想像一下，你現在是一位導遊，正要帶團去旅遊，關於這段旅程：

「你會帶著團員去哪裡？」

「沿途他會看到什麼內容？」

「想讓他有什麼感受？」

「引起他產生什麼期待？」

「如何讓他滿足這趟旅程？」

「當他有所抱怨時，你該用什麼方式來處理？」

　　以上這些情況，可能在你腦中都已經模擬過一遍，並把旅途中該攜帶的配備也都準備好，以及面對突發狀況的危機處理，這樣才能真正地帶著團員有一趟好的旅程。

　　如果把報表數據呈現的目的實際套用在情境上，通常會有主動或被動式的形容，主動式就是自己要使用這份報表數據的目的與方式，被動式則是老闆、主管或其他人需要你幫忙整理數據的理由，例如：

　　「我想透過這份年度營收數據，展現個人在公司的貢獻，並讓老闆認同而加薪。」

　　「主管想利用這份數據展現給決策高層，表示我們目前的執行方向是正確的，並同意繼續往下走。」

　　「目前季度營收報表顯示業績是逐月下降的趨勢，所以老闆與業務團隊要檢討未達標準的原因，並要請大家提出解決方案。」

　　透過這樣的自我問答，你心中有這份報表數據的主軸與核心基準之後，後續針對大量報表數據時，才會有所取捨，才能清楚地知道哪些數據需要放大、哪些數據應該要弱化或隱藏，以及先行思考

相關的溝通動作與解決方案為何。

▓ 對方看報表數據的習慣與形式為何

　　整理分析報表，目的不外乎是要讓對方能更簡單、清楚、心無旁騖地看到報表數據的重點與結果，以利後續下一步的動作。

　　但要如何呈現報表數據的形式，則要盡可能先了解對方的思考習慣、職位需求或情境是否適合，在熟悉與了解對象的狀況之下，才能思考出正確的呈現方式。

　　對於某些產業的高層決策者，可能很習慣單純看報表（也就是一份密密麻麻的 Excel數據報表），因為憑藉他們自身對於市場的敏感度與產業的熟悉度，就能很快地從報表數據中看出數字彼此之間的關係與隱藏的問題所在，因此硬要把報表數據轉換成圖表的方式未必適合。

　　《跟貝佐斯學創業：我在Amazon 12年學到再多錢都買不到的創業課》一書中提到，Amazon內部會議不使用ppt，而是使用A4格式將所有事項羅列清楚，並現場直接在會議中閱讀內容與問答來達成溝通。

　　這種思維在於認為透過轉換的圖表內容呈現數據，其實說明了部分隱蔽了些許事實，因為在製作報表數據轉換成重點的過程中，的確都會帶有資料製作者的「巧思」，這樣的形式就無法全盤了解

整件事，而唯有了解整體狀況，才能避免狹隘的視角。

　　所以在商業提案的報表數據使用上，通常是作為佐證論點的形式，尤其面對客戶端是無法確認方向是否正確的時候，你會需要從頭到尾的緣由描述，並輔以數據作為驅動決策（Data Driven）的方式，這時候利用報表數據就會更具有說服力，因此如何呈現報表數據的方式，端看對象與情境的使用來調整。

　　如果是內部報告，希望能在一張總表上，同時看到重點又要圖表式的呈現，就可以參考類似於 Microsoft Power BI或 Tableau的儀表板（Dashboard）的數據可視化方式，特色是只要固定將會閱讀的變數報表，例如每天與業績數字、人員與工作時數、區域與目標數字的比較，統一放置在一個版面中，就能一目瞭然看到所有相關的數據呈現。

　　無論使用哪種方式呈現報表數據，其中要注意的細節在於雖然所有人看到同樣的數字，但在解讀數字的時候，就會延伸出完全不同的思考邏輯。

　　「一份數據，每個不同職階的人所解讀的意涵，可能完全背離。」

　　例如今年營收較去年成長10%，當出現「10%」這個數字時，所有與會者可能會延伸出的思考點是什麼？

「至少應該要成長至30%，這才算是營收真正的成長。」

「營收已經超越歷年新高，10%是非常好的績效表現。」

「雖然營收成長10%，但整體利潤下降30%，這樣表示有問題。」

「今年我們成長10%，那其他競爭品牌成長多少？」

以上的判斷可能來自於完全不同層級或部門的人，同樣一個數字，一個語調，但背後解讀的思維不同時，就會產生不同的行動方向，尤其是跨部門溝通或高層會議報告，因為每個部門或決策者都有自己的績效與執行重點，所專注的細節當然有所差異，因此瞭解對方怎麼閱讀數據就非常重要。

■ 報表數據的三個內容呈現層次：資料、資訊、洞見

回歸到報表數據的本質與目的，你所製作的報表數據，是因應什麼目標，就會影響到你要怎麼表現內容的層次。

例如這份報表數據的報告情境，是只需要單純的資料整理就好，或是需要提出有用的重點資訊與歸納分析，還是必須產生具有價值的個人洞見建議？

舉例來說，我們看到市場上的科技產品購買者以三十五～

四十五歲為主要客群，這個年齡區間比起全部的消費客群平均消費
高出30%以上，因此接下來的戰場就是提升四十六～五十五歲作為
第二大主力客群，這樣就能擴大產品消費客群的年齡範圍。以上的
內容，哪些屬於「資訊」、「資訊」或「洞見」？哪些人需要到什
麼程度的資料深度？

　　因為報表數據中的資料、資訊與洞見三階段的內容層次需求，
是隨著職階與位置不同，所需要的程度也會有所不同。

　　如果只是協助整理報表數據者，可能只需要提供資料端的內容
程度就好，但如果是參加高階主管會議，需要的內容可能就要到資
料端或洞見端，以上這三個階段的層次，說明如下：

- **資料（Data）**：搜集相關原始數據資料，整理需求資料與建
  立表格。所有人只要看著圖表數字，就能「直接」看著說明
  的就是原始資料，例如「十二月為業績最高的月份」。
- **資訊（Information）**：不單只是整理報表數據，還需要針對
  數據進行重點分析與主題歸納，透由數據內多個資料交叉比
  對的結果，或結合其他資料佐證的訊息，例如「某產品是以
  三十五～四十五歲的女性為主要購買客群」。
- **洞見（Insight）**：在解讀報表數據資訊之後，綜觀分析多種
  資料或資訊整合，提出個人的見解、相關的解決方案或改善
  方向建議，提供給對方選擇或決策，例如「我們認為要積極

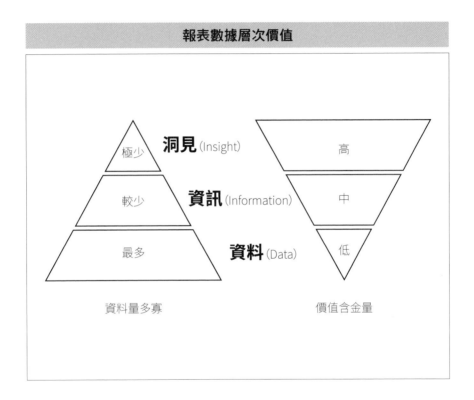

報表數據層次價值

洞見 (Insight)　極少
資訊 (Information)　較少
資料 (Data)　最多

高　中　低

資料量多寡　　　　　價值含金量

地往數位轉型的方向發展，並且針對軟體、硬體與服務開始
規劃」。

關於資料、資訊與洞見三者的內容差異，舉例說明如下：

人口年齡量表資料

2018年度人口年齡數量							
	性別	總計	0	1	2	3	4
總計	計	23,588,932	838,407	197,260	210,485	216,231	214,431
	男	11,712,913	434,244	102,220	109,010	112,362	110,652
	女	11,876,019	404,163	95,040	101,475	103,869	103,779

一、資料（Data）

　　上圖為某年度人口年齡數量表，橫軸為年齡區間分佈，縱軸有性別與總數，任何人都可以「直接」看到每個年齡層的人口總數，男性與女性人口年齡層的人數，這就是屬於最底層的「資料」。

　　資料就是資料，它的特性就是看到一就是一，看到二就是二，特徵是清楚、簡單、明瞭，幾乎是不會被挑戰的資料，唯獨可能只有在「資料筆數」或「資料來源」的正確性會有疑問。

　　而在呈現報表數據的時候，很多人就會直接把「資料」貼到簡

報內頁，或印在A4紙上討論，然後請大家看著這份 Excel表格，因為這樣在製作上最輕鬆也最快速。直接呈現資料端並沒有對錯，但會讓看的人比較累，因為大家要邊聽你說、邊看數字、邊讀他要的資訊，而且如果當某個數字有質疑或問題的時候，是透過老闆或客戶個人的能力來讀出訊息，因此就會有「為什麼會是這樣的數字？」、「數字有問題吧？」的問題產生。

　　如果公司決策者習慣只看報表，或你自己沒有時間把報表數據變成重點，可以多做一步的調整就是在密密麻麻的Excel報表中，找到你所要講的關鍵重點數字，然後改變重點數字的顏色、字體或線條加粗，至少讓對方在觀看整張報表數據時，能夠快速抓到重點。

二、資訊（Information）

　　前段的資料，是每個人拿到都能看出一樣的結果。但如果想要從報表數據得到東西，至少就要進入到資訊階段，而要進入資訊層面，通常就會產生兩個變數以上的資料進行交叉比較，而不只是單純第一層資料的內容。

　　例如「人口年齡分佈結構資訊」圖，是用「性別」與「年齡區間」交叉所得出的資訊，原本只是性別與各個年齡的數字資料，但透過交叉計算之後，會得出男、女性年齡分佈結構皆是以十～十四歲為最多的「資訊」。

　　資訊就是在資料中往內挖掘出更具重點性的標題，例如，將

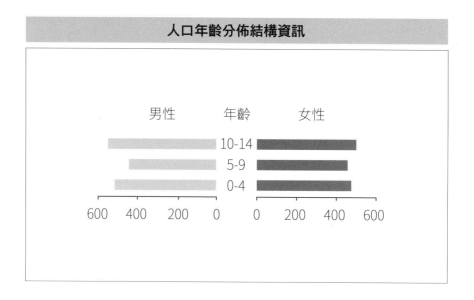

男性主客群的平均消費金額與所有男性平均消費金額做比較，發現三十五歲男性客群消費高出平均50%以上，資訊端的標題呈現就是「三十五歲男性客群為消費主力客群，高出全部客群消費五成以上」，對方透過這樣的資訊，就能快速讀出報表數據的主軸。

三、洞見（Insight）

關於洞見，則是透過數據與個人經驗所產生出的答案，例如，「我們應該調整高利潤產品的販售組合，藉此擴大市場範圍，並作為第三季主力產品線」。

報表數據之後的洞見

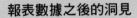

長者市場經濟
提出策略方向

出生率逐年降低

　　例如，當看到人口各年齡層比例與數量之後，我們看出每年的零歲新生兒出生率逐年降低，因為這樣的資訊，進而確認轉往「長者市場」的經濟與提出其策略方向，這就是洞見端。

　　相對於資料與資訊端，洞見端所產生的變數最多，因為洞見是依據個人經驗、視野、背景等組成的決策，如同你可能會因為有小孩，在觀察孩童用品時，會更加注意材質、圓角、使用年限；你是一個事業體負責人，看的不只是逐年需提升10～15%的營收，更要思考如何分配資源來達成目標；底下的部門主管可能只在乎我需要拿多少資源，並朝著分配的目標前進，所以講出來的洞見與所專注

的細節都有所差異。

　　無論提出的是洞見、資訊或資料，這三件事的因果、邏輯、順序都是必須連貫起來的。在比例的拿捏上也是需要注意的地方，圖表的資訊與洞見越少，你就越要解釋，也就是頁面內容越沒有指向性時，就越要靠你個人的說明能力帶著大家一起走，而當圖表方向與資訊越清楚，你就可以講得越簡單。

3.5 更專注於 畫面內容的本質

　　隨著全球化疫情與科技發展，或許已經逐漸調整了人與人實際「見面」的機會，取而代之的是人與人看著同一個「畫面」。

　　商業提案的「現場」，也不再只有讓你站在對方面前的現場，還有以畫面來說明引導對方的現場，而這個現場是對方**「正在閱讀內容的現場」**。

　　無論從Microsoft Teams、Zoom、Google Meet到Cisco Webex等軟體，仿佛一場商業提案的焦點已經轉變成為以提案內容為主，所有的人（包含提案者與被提案者）都成為配角，過去你的提案內容，可能只是輔助你提案的角色，但現在轉變成你是輔助提案內容

的角色。

　　我在《一擊必中！給職場人的簡報策略書》的1.2章節中，談到所謂「簡報與人的三種關係」，包含簡報輔助人、簡報是主角、簡報內容才是主軸的三種關係：

一、以簡報發表者個人與其經歷為主要吸引點，而簡報只是扮演輔助的用途。

二、受眾焦點集中在簡報頁面內容，簡報發表者則是在旁提供陳述與輔助說明的角色。

三、簡報製作者並不在現場，而是提供簡報給其他人使用，或是讓受眾自行閱讀簡報。

　　因此我們務必更要清楚瞭解，提案內容與自己角色定位的思維。

　　如果是線上進行提案，大家共同面對的是「一個畫面」，甚至很多時候的提案，你沒有辦法親自線上提案，而是直接提供給對方檔案，單靠內容作為是否能夠合作的基礎。

　　所以提案本身內容的鋪陳、自動引導的頁面架構、客戶獨自閱讀和觀看感受，在未來的情境之下更形重要。

　　線上提案內容的比重，不再是「人比簡報重要」，在簡報內

容的邏輯、架構、鋪陳，到視覺的角色上，比起提案者而言，內容的設計與巧思，更要能引發客戶的思考，並且同步達成商業提案的目標，所以內容的重要性更多一點，人的角色可能稍微又弱化了一些。但無論如何，儘管外在的形式一直在改變，但對於提案內容的本質卻是始終如一。

要完成一場讓對方留下深刻印象的商業提案，視覺內容的呈現無疑是非常重要的一環，內容排版也是讓客戶或老闆能最直接感受的媒介與手段之一。

我在經過業界設計經驗與商業市場的洗禮，談到商業提案的版面內容，內心其實清楚地知道「設計」的重要性，但因為是商業提案的性質，包含學習歷程、專業需求或製作時間急迫性等問題，所以不只是從平面設計（Graphic Design）的角度來談提案的視覺呈現，還會從實戰現場的經驗彼此平衡。

除此之外，如果你想要瞭解一份簡報或商業提案的風格、排版或感覺，其中的視覺呈現關鍵在於：**檔案前三頁的風格，就決定了整份提案的風格。**

我在聆聽或觀察整份的商業提案，從第一頁封面開始，到第三頁左右就幾乎可以衡量出整份提案的視覺呈現風格與細節設計。

如果第一頁是用新細明體作為標題字體，內容基本幾乎都是同

樣風格，第一頁有奇怪的圖案，內容絕對都會有奇怪的圖案，第一頁是花花綠綠的，內容頁也不會是極簡風格。

　　因此我在製作提案簡報的前三頁，一定會思考其吸睛程度與呼應核心重點主題，因為這是雙方在內容上，最快的第一個交集點與記憶點，所以謹記商業提案前三頁的起始重要性。

　　接下來關於版面呈現的內容，就算你沒有學過平面設計基礎，也沒有太多時間去學習軟體技能，但只要在思考頁面版型的同時，同時把邏輯、重點、呈現放在裡面，就會讓你在製作的速度與技巧得到大大的提升，在版面呈現上不只讓人讀懂，更能易讀。

■ 提案版面呈現三要素：PGL

　　如何快速讓商業提案看起來專業、合理且舒適，務必掌握版面設計佈局的三個重要關鍵，分別是版面（Page）、框格（Grid）、排版（Layout）。

一、版面（Page）

　　當我們確認要執行一件商業提案之前，也就是所有事情開始製作之前，首要條件就是確認提案版面（Page）相關規範，也就是依照實際場地的設備狀態與客戶需求，先行確定適合的版面尺寸資

訊，如果沒有事先確認版面尺寸，後續在內容排版或調整的時候，就會浪費更多時間。

「版面，就是一切呈現的基礎規則。」

版面呈現的規則，就是所有建構的物件範圍，包含尺寸（Sizes）、天地（Head／Foot／Type Area／Bleed）與距離（Distance）。

①尺寸（Sizes）

這就如同製作印刷品的概念，無論是設計一張海報、招牌、手冊或卡片，都會先確認最後輸出的紙張尺寸，例如是28x40cm的海報、印刷品紙張採用A series、B series或C series，也就是我們很常聽到A0、A1、B5等。

投影畫面就與紙張尺寸是類似的概念，普遍來說，一般公司的投影銀幕設備，以4：3比例居多（當然務必每次提案前都要先行確認），但如果是對外演講，使用大型展覽會場、校園說明會、特殊展演廳的發表會等，可能就會採用16：9，甚至還會有21：9的銀幕比例。

投影布幕比例差異

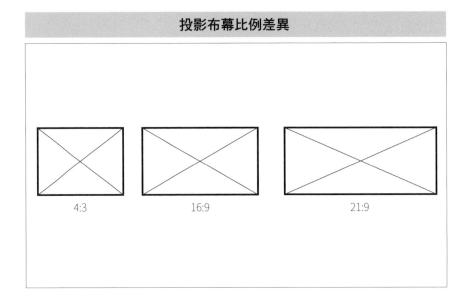

4:3　　　　　　　　　16:9　　　　　　　　21:9

　②天地（Head／Foot／Type Area／Bleed）

　　在設計版面之前，我通常會設計三道以上的框架，分別為版面、出血與文字範圍。

　　最外邊為「出血範圍」，也就是不會被看到，只有版面設計者會看到的範圍。

　　中間為「版面範圍」，也就是所有人在銀幕上或投影會看到的範圍。

　　最內邊則是「文字範圍」，通常位在版面範圍內，而文字範圍

與版面範圍中間的區域，我會視為不可侵犯領域，也就是無論版面文字有多少字、字體多大，都以不超出這個範圍為標準。

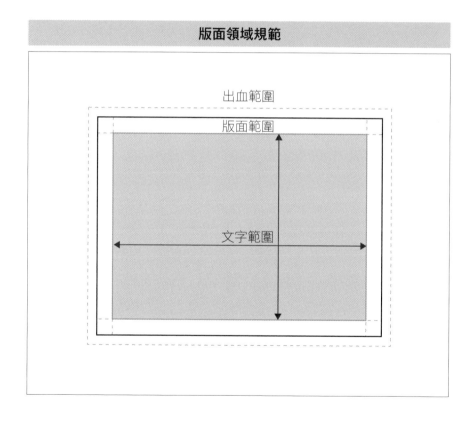

版面領域規範

出血範圍

版面範圍

文字範圍

為何需要「出血範圍」？

其實來自於印刷品設定出血邊的用意，為了避免印刷與裁切刀模之間的誤差，所以將圖片放大並超出版面範圍，這樣在裁切時，不會因為裁切誤差而產生白邊，而這樣的概念同樣適用於提案版面。如果放置圖片為全版面，為避免放置手誤與視覺誤差，圖片都需要大於版面範圍或與出血範圍相當，這樣也可以避免在播放投影片時，畫面露出白邊的問題。

③距離（Distance）

當已經確認版面的所有資訊之後，還需要再確認一項重要的關鍵，那就是「距離」，也就是務必先行知悉進行商業提案的場地環境，包含預計會露出的版面尺寸、受眾與銀幕的距離與角度。例如，場地可能是在多大的輸出銀幕、五十寸電視或放在戶外，銀幕距離地面二百五十公分處、客戶的會議室多大、觀看者距離多遠等。

原因在於不同的比例與觀看距離，其實都會影響版面後續製作排版的細節，包含視覺動線、重點位置、字體使用、字級大小等的編排元素設定，甚至圖片像素的問題等。

因為最常犯的錯誤就在於**觀看距離與畫面尺寸製作上的視覺誤差**，簡報內容製作者在面對電腦畫面時，因為視角與電腦銀幕距離較近，一切細節元素都看得很清晰，但實際放大到會議室時，很多物件的比例在大型會議室就會產生大小誤差的問題。

　　當我們已經確認以上的基礎資訊之後，才會正式進入到版面的
框格階段。

二、框格（Grid）

　　框格（Grid），就是談一個版面上的區域劃分，類似於室內

框格區域說明

規劃設計房間、客廳、廚房或陽台位置與範圍，包含從邊（Margin）、溝（Gutter）、列（Row）與欄（Column）等，套用在商業提案上，除了在某一個頁面的切格之外，更需要談所有頁面的連結架構。

　　整個商業提案的脈絡架構、重點設定到動線建構的思維，也都是在框格階段完成，這也是一份商業提案中，前期最需要被確認完成的階段。

　　因此如何快速製作一份具有邏輯架構的商業提案，就是先行確認版面的架構脈絡，以及將現有資料的位置進行順序調整的階段，完成之後才依序把圖片、標題、文字資料依序放入，就能完成一份商業提案的基礎內容。

　　整份商業提案的架構脈絡，可以從瀏覽投影片模式（Powerpoint）或光桌模式（Keynote）開始，這其中有一個很重要的關鍵是：頁面與頁面之間的關聯思維。

　　提案版面與設計稿件，兩者最大的差異在於，平面設計稿件通常會在一個既定的版面範圍之下，思考其觀看動線、顏色、賓主、佈局到平衡等。

　　但商業提案的頁面，就不是單純只著重在一個版面上，而是一個版面、一個版面、一個版面的持續展現，是具有時間上的進行順

投影片瀏覽模式

光桌模式 (Keynote)　　　　　投影片瀏覽模式 (Powerpoint)

序，因此無論是動線、顏色、賓主到佈局，都是在談主題說明的流暢度與連貫性。

　　所以當我們已經確認頁面彼此之間的架構脈絡之後，就可以盤點現有手上的資料，設定好每頁都應該是可以呼應主題的內容，而且有不同的核心論點、目的與功能，透過這樣的方式，就可以快速抓出每頁的「動線」。

　　例如第三頁是問題的切入，這頁會呈現單一句話的問題重點、這頁的功能是關於競品的比較表、第五頁則是要呈現出三個關鍵字的建議方向、接著這頁要看圖表並抓出條列重點，利用這樣的脈絡，都可以很快地針對現有重點內容，規劃出每頁的框格與動線。

【案例】

　　標題、證據、論點，從左邊的表格證據到右邊的論點。

由左至右的框格案例

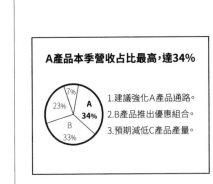
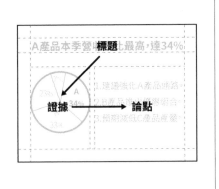

【案例】

標題、內文、圖表，從上方的圖表問題到下方的內文答案。

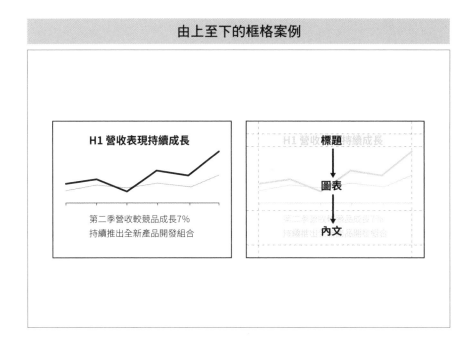

框格還有另外一個非常重要的功能，就是讓所有物件都有位置上的規範，也就是「對齊」功能，而對齊就是視覺排版舒適的隱藏關鍵，只要頁面物件元素都有固定的對齊線，整體就不會有雜亂的感受。

　　當你決定頁面的核心重點、說明資料的方向、動線、範圍與區塊之後，其實框格自然就會順應而生，當框格的相關規劃都已經確認，接下來才會進入最後的排版階段。

三、排版（Layout）

　　一個好的排版，你可能不太會注意到規則，但會看得很舒服且容易閱讀，這就與版面中的文字、圖片和顏色搭配有密切的關聯性。

　　在製作商業提案的版面，因為商業提案本身的製作時間限制，我們無法一直探討所有元素彼此配合的重心、大小與細節調整，甚至花一個小時去檢視與調整上下差距一公釐的位置，目的就只是為了確認最佳的視覺感受。

　　所以針對商業提案的版面設計，一切都以**「說明清楚、容易閱讀」**為前提，因此我認為在視覺呈現上，符合以下的經驗規則，自然而然地就會讓版面舒適且易讀：

　　①文字：一個畫面不要選擇超過兩種字體、三種變化、四種字級。

　　商業提案中，最容易被看出問題的莫過於文字的「字體」與「字級」。

　　從選擇字體開始，無論使用何種字體，建議盡量不要在同一

個版面上超過兩種以上字體，原因在於每一種字體本身都有自己的「個性」，我們所看到每一個品牌所選擇的字體，都代表著品牌文化與個性。

　　例如你會覺得兒童廣告的字體，都偏向於手寫或圓體有點可愛的感覺，例如時尚的字體多半會選擇襯線字體，顯現出對於細節的掌握。

　　所以如果有不同個性的字體，同時在一個版面上，自然就會讓觀者感覺凌亂。因此在商業提案中，通常會建議只使用一種字體就好，再利用變化來增加層次與突顯重點即可。

　　商業提案中字體的選擇，通常會以安全、規矩又不會有太多變化細節的黑體字或正黑體為主，這並不是說新細明體、標楷體或某些字體不適合，我認為選擇使用何種字體，是依據客戶的公司文化、決策者的喜好或公司的風格規範來決定，所以並不是某種字體不好，前提是使用這樣的字體，可以讓對方看起來習慣與舒適，那就是適合的字體。

　　字型變化其實非常多元，包含「粗細」、「大小」、「間距」、「字元樣式」、「底線」、「背景」、「段落」或「縮排」等。

　　某些字體甚至超過至少十種以上的變化（當然也有沒太多變化的字體，例如標楷體或新細明體），因此當變化使用越多時，視

字體個性的差異

每一種字體本身都有自己的「個性」

Font   Font   **Font**   *font*   Font

字體   字體   字體   字體   **字體**

▼   ▼

一個畫面不要選擇超過兩種字體。如果有不同個性的字體，同時在一個版面上，自然就會讓觀者感覺視覺凌亂，我建議只使用一種字體就好，再利用變化來增加層次與突顯重點即可。

一個畫面不要選擇超過兩種字體。如果有不同個性的字體，同時在一個版面上，自然就會讓觀者感覺視覺凌亂，我建議只使用一種字體就好，再利用變化來增加層次與突顯重點即可。

覺呈現就越顯混亂。所以在一份商業提案裡，我通常會讓字型盡量控制在不超過三種變化（例如同一個字體，有粗體、斜體、底線或陰影同時存在，就會感覺凌亂，但如果整份提案都訂定好標題為粗體、標準體的內文與細體的備註，這樣三種變化的字體，自然就會讓每一頁的視覺產生規則）。

字型變化表

一個畫面， 不要超過3種變化。 粗細	一個畫面， 不要超過3種變化。 大小	一個畫面， 不要超過3種變化。 間距	<u>一個畫面，</u> <u>不要超過3種變化。</u> 底線
一個畫面， 不要超過3種變化。 背景	一個畫面， 不要超過3種變化。 陰影	一個畫面， 不要超過3種變化。 顏色	一個畫面， 不要超過3種變化。 縮排

　　關於字級大小的選擇，我的經驗就是不要在一個版面中，出現超過四種以上的大、小字，原因在於擬定提案的內容上，最容易看到在製作上的謬誤，就是「視角差異」。

　　視角差異的問題就出在「字級」與「字數」的拉扯，如果不知道對方的投影設備、銀幕尺寸、視覺位置、銀幕距離的狀況，甚至連客戶決策者的年齡歲數都不清楚，你如何訂定字級？

　　我們常看到坐在電腦銀幕前面觀看，與實際坐在會議室看投影布幕的距離感受有所差異，我們常常被電腦銀幕所限制，但如果先行確認字體、變化與字級規範之後，自然就可以減低面對電腦前面的視角謬誤，以及在會議室中與投影布幕的距離感差異。

　　我曾經在一次的商業提案現場實際感受到關於字級的重要性，現場的會議室是一間約七公尺乘以七公尺左右的空間，正中間有一個U字型會議桌，U字型中間位置（距離投影布幕最遠處）就是決策者的位置，投影布幕與決策者座位距離約六公尺，投影布幕是一點五公尺寬的布幕，廠商在提案的內容字級設定約在十至十二級字，導致提案方口語說明的同時，決策者因為「視力因素」無法看清楚說明文字，最後「因為看不清楚內容」與「提案只是照著念」的原因，整個提案就草草結束以失敗收場。

　　我知道有時候內容製作者會為了追求「版面設計感」與「想講很多」這兩件事而無法放棄內容，所以很容易被版面範圍限制，也

因為字級的設定同時就影響說明字數。

　　如果能設定好基礎的字級、字體規範之後，再來調整字數內容，這是我目前認為較好的方式。

　　②圖片：放入與你所說的內容感受一致的畫面。

　　無論版面中要選擇何種背景圖片或是使用哪種元素，最重要的關鍵就是圖片的內容與你說明的內容，兩者必須具備強烈的關聯性感受。

　　圖片可以是輔助你所說的感受圖示、可以是讓你營造情境的氛圍、可以是用來引導思考的補充等，但就是遵循**「你講的內容跟對方所看到的圖，感受是相似的」**的道理，讓對方覺得視覺與聽覺是維持在同一個感受上。

　　例如，你要說明的是這個階段，依序分成三個部分，第一部分是⋯⋯、第二部分是⋯⋯，所以視覺就應該是將頁面切成三塊、三個方格或箭頭指引順序，讓對方能夠看著同樣的視覺順序，並讓口述說明內容的感受，讓對方清楚知道兩者是吻合的。

　　例如，你在描述某天爬到山頂上看到日出的畫面，這時候版面上放上日出的曙光圖片，就能讓受眾跟著你的故事與內容進入情境，但如果放上一張夜間的照片，你所描述的日出畫面與夜間畫面不吻合，就會造成對方混淆，這就是讓視覺跟著聽覺的導引的重要性。

口述與畫面合理搭配

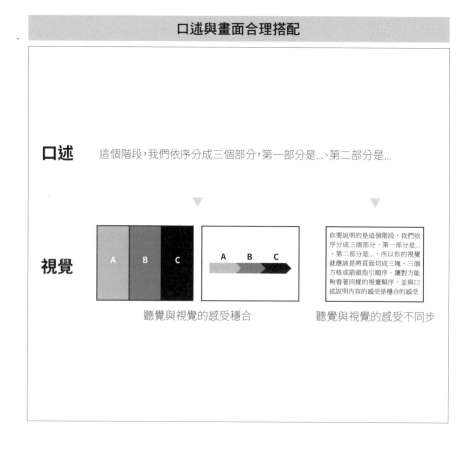

口述　　這個階段，我們依序分成三個部分，第一部分是...、第二部分是...

視覺

聽覺與視覺的感受穩合　　　　　　　聽覺與視覺的感受不同步

　　相對而言，在商業提案的畫面呈現上，絕對不要隨意放上一張「毫無相關」的圖，或是容易讓人聯想到關於「性別、政治、文化、宗教或身形」的圖片，你不會知道今天可能因為用錯一張圖，

背後不經意地讓人覺得帶有歧視、嘲笑或諷刺的意涵，而失去了商業合作的機會。

▨ 提案版面所有元素，共享同一個顏色規則

　　「顏色」是突顯賓主關係與強化重點的最後一哩路，因為顏色是最容易感受到的視覺元素，也是最容易影響視覺舒適度的元素之一。

　　學習「顏色」的視覺呈現，目的就是為了利用視覺特性去加深觀看的視覺感受，但在顏色的使用選擇與搭配上，我們最常遇到的問題是：

　　「最難的是怎麼配色好看。」

　　「配色其實是最難拿捏的一塊，一旦簡報內容的配色不搭，就算簡報內容很棒，整體看起來就是會有種不協調的感覺。」

　　「如何讓簡報色彩配置協調與拿捏？」

　　針對基礎色彩學，線上課程或眾多書籍已經有非常多的相關教學與教材可學習，關於色彩的認知學習，最主要的是瞭解每個顏色的個性、對於顏色的感受以及顏色彼此之間的關聯性，包含對比色、互補色或同色系等，以上都是建議學習的色彩相關知識。

　　關於商業提案版面的顏色搭配使用經驗，我整理出三個關鍵要

點，能夠讓你獲得最直接的幫助。

一、整份提案中，先定義出主色

　　一份商業提案，會在版面出現的所有元素都稱為「物件」，包含標題、內文、重點或圖表等，因為商業提案版面呈現的目標是「說明清楚、容易閱讀」，因此在整份提案顏色的使用選擇上，建議先選出一或兩個主色，因為只要所有物件都遵循同一個規範，自然就能讓人感覺穩定性高。

　　但該如何選擇與定調「主色」？

　　針對商業提案，如果是對外提案，最簡單的方式就是使用客戶品牌色、品牌廣告所呈現的顏色，或是請客戶提供內部所使用的版型範例檔案，這樣的方式都能讓客戶增加一定程度的熟悉感。

　　如果你有參加過中大型品牌所舉辦的對外演講或研討會活動，可以仔細觀察品牌方在簡報內容上的主要顏色選擇，絕大多數都是依照品牌視覺規範來決定內容標題、內文、備註的字體與顏色。

　　例如單一品牌色（例如：foodpanda）、兩個顏色搭配的品牌色（例如：IKEA）或多個顏色的組合（例如：Google），這樣選擇主色的好處，除了降低選擇顏色的困難度與表現專業感之外，更能讓整體版面的顏色規則更單純。

　　如果是對內報告或提案，可以先行確認公司是否有相關的品牌視覺規範（Guideline），如果有的話，建議遵循內容的規範呈現，

如果沒有就建議以公司或品牌顏色作為使用。

二、除了主色（或輔助色）之外，其餘都使用黑、灰、白就好

　　主色的應用方式，主要是使用在提案中的「重點」，每頁最重要的重點顏色都使用主色，其他則是搭配輔助色，剩下其他資料盡量以灰階（黑、白、灰色系）表現就好。

明度變化差異

高明度 --- 低明度

「明度」就是提供層次的分別，我們可以透過深淺的方式來突顯重點。

「明度」就是提供層次的分別，我們可以透過深淺的方式來突顯重點。

「明度」就是提供層次的分別，我們可以透過深淺的方式來突顯重點。

　　這樣使用的原因在於，每個顏色都有各自的個性與搭配方式，而使用顏色就是為了突顯與強化重點說明，若是使用過多顏色或沒有考慮顏色彼此的相容性，視覺就很容易被搶走，原本的重點內容也就無法有效地展示出來。

　　為何我會推薦使用黑、灰或白作為基礎？因為在使用顏色上，我們的目的是要如何才能讓重點突顯，所以除了「突顯主要重點」之外，另一個方式就是「弱化周遭物件」。

　　例如現在有一個橘色的圓形，我們可以透過弱化周遭的顏色來強調橘色的圓形，你可以選擇將底色都設成灰色或白色，自然就能讓橘色的圓形突顯出來，這就是利用彩度來提供強弱的差異。

　　另一種方式則是使用明度的變化，就是提供強弱層次的分別，利用深淺的方式突顯重點，例如有些地方看得清楚、有些地方看不清楚，自然清楚的地方就特別會受到注目。

三、圖字顏色的選擇搭配，是依據場合環境來調整

　　商業提案中，無論是應用在圖表或文字上的呈現，很常使用的方式就是讓一個顏色作為底色，然後放上不同顏色的文字方式來呈現，例如亮色底搭配深色字（如白底黑字），或深色底搭配亮色字（如黑底白字）。

　　但在決定使用這樣的搭配之前，必須考慮的要點在於這場商業提案的現場情境狀況（如果是線上提案，就不會有現場環境光的問

題），尤其是到客戶公司的會議室或到自己無法掌控現場演說環境的時候，在演說的同時依舊會開啟部分燈光（例如會議室前排的燈是開著），就不建議使用深色底搭配亮色字的呈現，尤其是全黑底背景，都會因為室內光線的問題導致反光，造成原先的內容對比不清晰的細節問題。

　　所以如果是無法事先知道場地的現況或會議進行不是全暗的環境之下，建議盡量以「亮色底搭配深色字」作為底圖與內容顏色，較不容易產生識別清晰度的問題。

後記 | 當佈局後的
「機會」來臨時，
你就能把握住了

　　從《一擊必中！給職場人的簡報策略書》至撰寫完這本書，經過了總共七百多天的時間才順利完成，原因在於我幾乎每日都身在商業提案現場，這中間有太多故事與細節值得與大家分享，但也因為商業上的考量，許多精彩的橋段與經歷，無法著實描述提案內容讓讀者知道，但透過文字的分享，希望對於平常有商業提案需求的人，都能藉此獲得實戰上的心法與回想是否與過去的經驗符合。

　　從簡報策略到商業提案，這中間的基礎概念與思維都是相通的道理，端看如何應用，如同我前言所提到的「未來，我認為人生最應該練習的其中一件事就是：如何將自己的思維，清楚地溝通、傳

達與呈現出來」。

　　我一直持續地思考什麼樣的內容、寫法與方式，才能真正幫助所有的工作者，並且適用於各種產業、年齡層、職階或部門，都能從內容中有所得，所以中間有數個月的時間，我重複修改了數遍的內容方向，因此如果書中有任何一段內容或觀念，讓你因此而拿下商業提案或增強客戶或老闆對你的信任，請務必與我分享，因為那絕對是讓我最開心的事了。

　　誠摯感謝一路上幫助過我的貴人，包含我職場上的主管、人生的導師群與出版圈的好友們，總是給我訓練與成長的機會，總是在我找不出方向或一度有想放棄的念頭時，如同明燈般指引我方向，更是鞭策我前進的動力。我更從商業提案現場中，體會到商場上的箇中滋味，並從許多優秀的企業家、生意人、經理人、講師、作者等人身上，學習到從溝通到做人的智慧，我將一切感念於心。

　　感謝這本書的三位推薦人，對我來說，三位都在商業提案的領域中占有一席之地，能夠從他們身上學習其中的智慧，深感榮幸。

　　生活工場創辦人鄧學中先生（Simon），透過親身觀察、溝通與討論生意契機的過程中，從他的身上我看到了經營企業與生意視野的智慧與層次，並且學習到快速且精準的執行能耐，這些絕對不是從書中就可以獲得的寶貴經驗，深深感謝。

　　寶渥創始合夥人的林大班老師（Ben），從他初始創業之時，我們就透過課程認識，我一路上都持續地關注著他所建立的「簡報之道，做人之道」，每次總是能讓我感受到他對於細節的完美追求與展現出Wow的驚喜。

　　電通集團 isobar數據暨客戶關係行銷的夏雨農總經理（Scott），他是我見過少數兼具清晰的思考邏輯、圖像溝通與擁有聲調吸引力的人，面對繁複的結構或問題，他總是能用簡單且清晰的方式說明清楚，展現出獨特的個人魅力。

　　誠摯感謝商周出版的編輯群與行銷團隊，總是在過程中持續地給我鼓勵，從出版圈的角度告訴我專業的建議，共同為內容找出一條適合的道路，並且願意與我一起合作開創新的機會。

　　對我來說，在工作之餘的夜晚，獨自寫作的時間是非常快樂的時刻，的確會造成部分家庭時間上的犧牲，所以感謝家人之間的體諒，但我相信人生中「你失去些什麼的時候，同時你也會獲得些什麼」的道理。林怡辰老師於《從讀到寫》中，曾說到「如果目標在遠方，就不用介意腳裡的沙子」，更是成為我內心持續激勵自己向前的金句。

　　最後，在商業提案的宇宙中，我們唯一能夠做的事情，就是「你知道要準備，並且你已經開始準備了」，當你已經具備要跨出去的心理素質，並且開始行動去付諸實現，相信機會一定會找上門來。

　　人生最棒的時刻就是「當佈局後的機會來臨時，你剛好也把握住了。」

　　如果你有任何事情想要與我分享，搜尋 鄭君平 或聯絡我：chunping.cheng@gmail.com。

附錄 ｜ # 商業提案
實戰金句

1.「使用一個對的問題與需求作為切入點，就是短時間內讓客戶專心聽的關鍵。」──P.34

2.「提案的重點是要證明你可以協助客戶解決問題，你真正要與客戶談的是『合作』，而不是『介紹』。」──P.58

3.「提案的『差異化』，就是務必要找出一項（以上）是只有你們才能提供的優勢條件，來引導客戶判斷你們勝出最重要的關鍵或決策點。」──P.64

4.「你不是老師，你是來解決問題的人，不要試圖用自己的話來說服客戶，而是用市場經驗教育客戶……就是從旁提出好的建議角色，而不是主導客戶的角色。」──P.68

5.「商業提案上，隨時準備一至三個最符合對方角色或類型的實戰案例參考，是很好用的手牌。」——P.70

6.「一個成功的商業提案機會，幾乎都是建立於『關係』之上。」——P.82

7.「一個好的比喻，你馬上就會有感受，也就拉近對方與你的認知距離。」——P.93

8.「與你的老闆或主管合作，不要每次都讓自己讀空氣，你需要的是往前多走一步。」——P.112

9.「老闆與眾主管的記憶力，永遠只會花在他們認為最重要的事情身上。」——P.122

10.「商業提案的每一頁都一定有它的任務，也就是要傳達現在此刻『該讓對方知道哪一件事情』。」——P.132

11.「只要是面對數字，最終的目標都是希望讓對方從報表數字中獲得『有用的資訊』。」——P.161

12.「商業提案的版面設計，一切都以『說明清楚、容易閱讀』為前提。」——P.194

ideaman　134

讓提案過　準確拿下客戶生意、順利向上報告與提升個人價值的關鍵祕技

作者——鄭君平
企劃選書——劉枚瑛
責任編輯——劉枚瑛
版權——黃淑敏、吳亭儀、江欣瑜、林易萱
行銷業務——黃崇華、周佑潔、張媖茜

總編輯——何宜珍
總經理——彭之琬
事業群總經理——黃淑貞
發行人——何飛鵬
法律顧問——元禾法律事務所　王子文律師
出版——商周出版
　　　　台北市104中山區民生東路二段141號9樓
　　　　電話：(02) 2500-7008　傳真：(02) 2500-7759
　　　　E-mail：bwp.service@cite.com.tw
　　　　Blog：http://bwp25007008.pixnet.net./blog
發行——英屬蓋曼群島商家庭傳媒股份有限公司城邦分公司
　　　　台北市104中山區民生東路二段141號2樓
　　　　書虫客服專線：(02)2500-7718、(02) 2500-7719
　　　　服務時間：週一至週五上午09:30-12:00；下午13:30-17:00
　　　　24小時傳真專線：(02) 2500-1990；(02) 2500-1991
　　　　劃撥帳號：19863813　戶名：書虫股份有限公司
　　　　讀者服務信箱：service@readingclub.com.tw
　　　　城邦讀書花園：www.cite.com.tw
香港發行所——城邦(香港)出版集團有限公司
　　　　　　　香港灣仔駱克道193號超商業中心1樓
　　　　　　　電話：(852) 25086231傳真：(852) 25789337
　　　　　　　E-mailL：hkcite@biznetvigator.com
馬新發行所——城邦(馬新)出版集團【Cité (M) Sdn. Bhd】
　　　　　　　41, Jalan Radin Anum, Bandar Baru Sri Petaling,
　　　　　　　57000 Kuala Lumpur, Malaysia.
　　　　　　　電話：(603)90578822　傳真：(603)90576622
　　　　　　　E-mail：cite@cite.com.my

美術設計——copy
印刷——卡樂彩色製版印刷有限公司
經銷商——聯合發行股份有限公司　電話：(02)2917-8022　傳真：(02)2911-0053

2021年（民110）12月2日初版
定價420元　Printed in Taiwan　著作權所有，翻印必究　**城邦讀書花園**
ISBN 978-626-318-041-3
EISBN 978-626-318-077-2

線上版讀者回函卡

國家圖書館出版品預行編目(CIP)資料

簡單報告：準確拿下客戶生意、順利向上報告與提升個人價值的關鍵祕技/鄭君平著. -
- 初版. -- 臺北市：商周出版, 民110.12　216面；17×23公分
ISBN 978-626-318-041-3 (平裝)
1. 企劃書　2. 職場成功法
494.1　　　　　110017108